◎温月平 主编

月嫂

中国农业科学技术出版社

图书在版编目（CIP）数据

月嫂／温月平主编．—北京：中国农业科学技术出版社，2016.5

ISBN 978－7－5116－2550－2

Ⅰ.①月…　Ⅱ.①温…　Ⅲ.①产褥期－护理②新生儿－护理　Ⅳ.①R714.6②R174

中国版本图书馆 CIP 数据核字（2016）第 053945 号

责任编辑　徐　毅
责任校对　马广洋

出 版 者　中国农业科学技术出版社
北京市中关村南大街 12 号　邮编：100081
电　　话　(010)82106631(编辑室)　(010)82109702(发行部)
(010)82109709(读者服务部)
传　　真　(010)82106631
网　　址　http://www.castp.cn
经 销 者　各地新华书店
印 刷 者　北京富泰印刷有限责任公司
开　　本　850mm×1168mm　1/32
印　　张　3.375
字　　数　90 千字
版　　次　2016 年 5 月第 1 版　2017 年 8 月第 3 次印刷
定　　价　14.80 元

《月　　嫂》

编　委　会

主　编　温月平

副主编　郑　晶　戴德凤

编　委　黄存宝　乔果婷

前　言

目前，我国不仅需要有文凭的知识型人才，更需要有操作技能的技术型人才。如家政服务员、计算机操作员、厨师、物流师、电工、焊工等，这些人员都是有着一技之长的劳动者，也是当前社会最为缺乏的一类人才。为了帮助就业者在最短的时间内掌握一门技能，达到上岗要求，全国各个地方陆续开设了职业技能短期培训课程。作者以此为契机，结合职业技能短期培训的特点，以有用实用为基本原则，并依据相应职业的国家职业标准和岗位要求，组织编写了职业技能短期培训系列教材。

本书为《月嫂》，主要具有如下特点。

第一，选材广泛。

本书从月嫂服务市场的实际需要出发，首先介绍了月嫂服务人员从业的基本常识，包括岗位职责、素质要求、仪表礼仪等；接着详细介绍了产妇护理、新生儿护理、新生儿保健、新生儿意外伤害的防范和处理等基本技能。

第二，内容通俗。

本书以技能为主要突破点，避免了繁杂的理论叙述。文字简练，深入浅出，清晰地传递着必备知识和基本技能，对于短期培训学员来说，容易理解和掌握，具有较高的实用性和可读性。

第三，资料新颖。

本书以当前月嫂服务市场的新需求新标准为切入点，所选资料力求最新，以适应客户对孕妇和新生儿护理的更高要求。

相信通过本书的阅读和学习，对月嫂服务工作会有一个全新的认识和专业能力的提高。

本书适合于各级各类职业学校、职业培训机构在开展职业技能短期培训时使用，也可供月嫂服务相关人员参考阅读。

由于编写时间仓促和编者水平有限，书中难免存在不足之处，欢迎广大读者提出宝贵建议，以便及时修订。

作者

2016 年 1 月

目　　录

第一章　月嫂工作认知

第一节　月嫂工作简介

月嫂是专业护理产妇与新生儿的高级家政人员。其肩负着一个新生命与一位母亲安全、健康的重任，有些还要料理一个家庭的生活起居。通常情况下，月嫂的工作集保姆、护士、厨师、保育员的工作性质于一身，不同于一般的家政护理员。

月嫂是母婴护理师的俗称，其服务内容主要是产妇和新生儿的生活照护，偏重于基本的日常生活照护。其中，产妇的护理约占20%，新生儿的护理约占80%，服务时间主要是月子期。

第二节　月嫂的工作范围

一、产妇的护理

（1）日常清洁。协助产妇漱口、洗脸、洗脚、擦汗、会阴清洁；对家中室温达到26℃、有淋浴设施等条件的产妇给予协助洗头、洗澡（应尊重客户意见）。

（2）测体温（视情况而定）。

（3）为产妇做营养配餐。三正三加（依产妇口味并符合产妇产后营养需要）。

（4）乳房护理。产后乳汁未通畅时给予乳房清洁、按摩，协助母乳喂养，乳汁通畅后只进行喂养前乳房清洁不再按摩。

（5）在产后恶露较多时进行子宫按摩，直至恶露较少、子宫收缩好为止。

（6）产后初期协助产妇清洁会阴，观察伤口情况，如发现异常及时提醒客户。

（7）及时更换清洗整理产妇的衣物、床单、被罩等用品。

（8）对产妇进行必要的心理健康、产后保健等指导。

二、新生儿的护理

（1）日常清洁。洗脸，洗臀部及皮肤褶皱处；家中室温达到28～30℃时给宝宝洗澡抚触。

（2）喂奶、喂水及奶具消毒。

（3）脐部护理、臀部护理。

（4）必要时做口腔护理。

（5）更换、清洗、消毒衣物、尿布、床单、抱单等婴儿用品。

（6）每日测体温两次，对新生儿进行日常观察护理。如有异常提醒客户。

三、相关家务清洁服务

（1）清洁卫生区域：产妇、新生儿、月嫂居住的卧室；厨房；卫生间。

（2）保持卫生区域的清洁，每日开窗通风、擦桌子、拖地，及时倒垃圾并整理区域内的物品，保持整齐、有序。

（3）做产妇及月嫂自己的饭菜（注：月嫂不负责采购）。

第三节　月嫂的素质要求

一、诚实守信的品德

诚实守信是做人的基本品质，应做到言行跟内心里相一致，说话办事实事求是，讲究信用。有的服务人员为了获得别人的好感或满足自己的虚荣心，故作姿态，表现虚伪，这虽然可能一时获得别人的好感，但最终必将因为虚伪或不守信用而被大家疏远。

二、强烈的工作责任感

月嫂要有条不紊地做好本职工作，设身处地地为雇主着想，对护理的孩子的健康负责。用自己的善良与爱心真挚地为雇主服务，让雇主对自己的工作满意，解除雇主的后顾之忧。

三、扎实的专业技能

一般来说，月嫂必须经技能培训合格后才能上岗，培训内容主要包括产妇护理和新生儿护理两部分。月嫂对各项护理操作应熟练、规范，确保有效护理。

四、优秀的沟通能力

在月子护理工作中，月嫂可能会接触形形色色的客户家庭和不同的客户家人，这就要求月嫂不断提高语言表达能力，学会与每个家庭成员友好相处。除了良好的语言表达能力，还需要细心地了解与客户家人的生活习惯与爱好，做到说话做事有分寸。

五、良好的身体素质

月嫂服务时间不仅包括白天还包括晚上，只有具备健康的身体，才能更好地投入到工作中。另外，因为要与产妇和新生儿密切接触，月嫂的健康也是雇主比较关心的问题，因此，从事月嫂工作应具备相关的体检证明。

第四节　月嫂的仪表礼仪

一、整体仪表

一个人的仪容仪表是很重要的。作为一名合格的月嫂，要关注自己的整体仪表，具体要求是：

（1）面部洁净，经常梳洗头发，不要有头皮屑，发型要大方，不得使用有浓烈气味的发乳及香水。

（2）不准浓妆艳抹，需要时可化淡妆，不涂指甲油，不穿过分暴露、紧身、艳丽的衣服。

（3）注意要勤洗手，经常洗澡，手指甲和脚趾甲应保持短而洁净，经常更换内衣。

（4）鞋要保持整洁。

（5）饭后漱口，保持口腔清洁、无异味。

（6）与人交流时经常保持微笑，表情和蔼可亲。

二、体态礼仪

1. 站姿

站立应挺直、舒展，要给人一种端正、庄重的感觉。不要歪脖、扭腰、屈腿，尤其是不要蹶臀、挺腹。

2. 坐姿

入座时动作应轻而缓，不可随意拖拉椅凳，身体不要前后左右摆动，不要跷二郎腿或抖腿。并膝或小腿交叉端坐，不可两腿分开过大。

3. 走姿

与雇主或长者一起行走时，应让雇主或长者走在前面；并排而行时，应让他们走在里侧。不要将双手插入裤袋或倒背着手走路。

4. 目光

目光要温和，忌讳歪目斜视。

5. 手势

手势是人们交往时最有表现力的一种“体态语言”。能够合理地运用手势来表情达意，会为形象增辉。

月嫂应该避免的错误手势。

在工作中，用手指对着别人指指点点。

随便向对方摆手，这种动作是拒绝别人或极不耐烦之意。

端起双臂的姿势，往往给人一种傲慢无礼或看别人笑话的感觉。

此外，还应避免以下不良的动作习惯。

反复摆弄自己的手指，有不尊重他人的感觉。

手插口袋会给人心不在焉的感觉。

当众搔头、挖耳鼻、剔牙、抓痒、搓泥、抠脚等，都是极不文雅的动作。

三、礼貌礼仪

月嫂在雇主家服务时应注意以下礼貌礼仪。

(1) 客人来到时，要主动为客人让座，主动为客人提物，为客人准备拖鞋，并主动为客人沏茶（茶水七分满）；客人离去时，要主动为客人开门欢送。

(2) 客人或雇主讲话时要用心聆听，不可插嘴、抢话，不得与客人或雇主争论，更不可强词夺理。

(3) 切忌在他人或食物前咳嗽、打喷嚏，口中有异物及吐痰应去洗手间。使用洗手间时务必将门反锁以免发生误会，用过的卫生巾要用纸包起来再投进垃圾袋内，用过厕所切莫忘记冲洗及洗手。

(4) 不得穿睡衣及较暴露的衣服在客厅走动。不要在厨房、客厅梳头，吃饭时应少说话，与他人说话应保持 80 厘米以上的礼貌距离。

(5) 要给雇主及家人更多的私人空间，雇主家人在谈话、看电视时，要主动回避。

(6) 不要参与雇主家庭成员的议论，不要相互传闲话，不可搬弄是非。要尊重雇主的家庭隐私，雇主家的任何家庭事情不得告诉他人。

(7) 如雇主要求自己入席就餐，必须将所有餐务工作做完方可就餐。

(8) 要学用礼貌用语，如您好、谢谢、再见、不客气、没关系等。

第二章　产妇护理

第一节　产妇饮食护理

一、制作前准备

（1）制订月子餐菜谱。产妇在坐月子期间身体处于一个特殊时期，除了补充足够的营养促进产后体力的恢复外，还要哺喂新生儿，因此，需要均衡的营养素、多量的汤汁、多样化的主食、丰富的水果蔬菜，总计大约每日3 000大卡热量的摄入。由于产妇不定时哺乳，还需要每日增加就餐的次数，一般为每日6餐。

（2）根据以上原则，每日分为早、中、晚3次主餐和10：00点、15：00、20：00三次加餐。每天1~2杯牛奶，2~3个鸡蛋。中、晚餐一荤菜一素菜一汤，加餐可选择小点心、水果等，早餐和晚上加餐可以选择多种多样的粥和馄饨等，每天的主食可以多种变化（详见相关知识）。

（3）家政服务员可以按照以上原则，并根据产妇的口味商量制订月子餐的食谱。

（4）采购。要选择没有或少有农药污染的绿色蔬菜水果，在正规商店里购买经过国家检疫合格的肉类品。

二、月子餐制作原则

月子餐制作要掌握以下几个原则。

（1）生熟菜板、刀具、抹布要分开。

（2）煲汤主料乌鸡、排骨等可以凉水下锅，微火慢煮，以保持营养成分。

（3）炒菜时应注意色、香、味俱全，既有营养又能享受到就餐的快乐。

（4）营养搭配要均衡，不宜让产妇天天都吃大鱼大肉，这样会使产妇因摄入热量太多而迅速发胖。在保证营养的同时，应适当吃些蔬菜和水果。

三、制作后处理

（1）将使用过的炊具清洗干净放回原处。

（2）将灶台灶具周围清理干净，清扫地面并用墩布擦干净。

（3）产妇就餐后家政服务员收拾好餐具，清洗干净，并将可以保留的汤菜加保鲜膜放入冰箱。

【达标标准】

月子餐营养均衡，干净卫生，咸淡适中。

制作后厨房用具清洁干净，摆放整齐。

【注意事项】

制作月子餐时禁放辛辣、刺激性的调味品。

注意月子餐均衡营养，改变传统坐月子期间只吃小米粥、红糖、鸡蛋、鸡汤的单一膳食观念。

【工具与材料】

一般厨具、煲汤锅。

【相关知识】

(1) 月子餐食谱参考。荤菜可选择红烧鸡翅、海带炖肉、清炒虾仁、红烧鱼块等。

素菜可选择白菜豆腐、鸡蛋炒菠菜、胡萝卜豆腐丝、西红柿鸡蛋、清炒油麦菜、鲜蘑油菜等。

汤可选择鲫鱼汤、乌鸡汤、甲鱼汤、花生排骨汤、莲藕猪脚汤、番茄牛肉汤、小白菜丸子汤、羊肉冬瓜汤等。

主食米饭、青丝卷、豆沙卷、糖包、肉龙、糖花卷、金银卷、千层饼等。

早晚加餐可选择莲子红枣粥、小米红糖粥、百合红豆粥、小枣绿豆粥、玉米面粥、酒酿蛋花、醪糟、疙瘩汤、鸡汤馄饨、鸡汤龙须面等。

(2) 选择科学月子餐，拒绝传统坐月子单调的膳食，有助于产妇和新生儿的健康。

第二节　产褥期保健指导

一、哺乳指导

1. 喂奶前的指导

在母乳喂养前，先给新生儿换清洁尿布，避免在哺乳时或哺乳后给新生儿换尿布。若翻动刚吃过奶的新生儿容易造成溢奶。

准备好热水和毛巾，请产妇洗手。用温热毛巾为产妇清洁乳房。

乳房过胀应先挤掉少许乳汁，待乳晕发软时开始哺喂（母乳过多时采用）。

2. 喂奶姿势的指导

产妇哺乳体位。让产妇坐在靠背椅上，背部紧靠椅背，两腿自然下垂达到地面。哺乳侧脚可踩在小凳上。哺乳侧怀抱新生儿的胳膊下垫一个专用喂奶枕或家用软枕。这种体位可使产妇哺乳方便而且感到舒适。

托抱新生儿方法及含接乳头方法。指导产妇用前臂、手掌及手指托住新生儿，使新生儿头部与身体保持一直线，新生儿身体转向并贴近产妇，面向乳房，鼻尖对准乳头，同时，指导产妇另一手成“C”字形托起乳房，或采用食指与中指成“剪刀状”夹住乳房（奶水喷流过急时采用）。哺乳时用乳头刺激新生儿口唇，待新生儿张大嘴时，迅速将全部乳头及大部分乳晕送进新生儿口中。按上述含接乳头的方法可以大大减少乳头皲裂的可能性。

哺乳后退出乳头。退奶时用一手按压新生儿下颌，退出乳头，再挤出一滴奶涂在乳头周围，并晾干。此法可以使乳汁在乳头形成保护膜，预防乳头皲裂的发生。如已有乳头皲裂发生了，此种方法可以促成皲裂的愈合。

3. 喂养后的指导

哺乳后拍嗝。哺乳后将新生儿竖抱，用空心掌轻轻拍打后背，使新生儿打嗝后再让其躺下安睡。如未能拍出嗝，则可多抱一段时间，放在床上时让其右侧卧位，以避免呛奶。

【达标标准】

产妇哺乳时，腰、背、手臂、手腕不疲劳，心情愉快，乳汁排出顺畅。

新生儿可以有效吸吮（新生儿嘴呈鱼唇状，吸吮动作缓慢有力，两颊不凹陷，能听到吞咽声）

【注意事项】

指导产妇避免奶水太急，以免哺喂新生儿时发生呛奶。

防止乳房堵住新生儿鼻孔而发生新生儿窒息。

避免因含接姿势不正确造成乳头皲裂。

【工具与材料】

靠背椅、踏板或小凳、喂奶枕、清洁毛巾。

【相关知识】

两侧乳房哺乳应按先后顺序交替进行，新生儿吸吮奶头时间不宜过长（一侧不超过20分钟为宜）。

不应让新生儿口含乳头睡觉，以防乳头皲裂，甚至发生新生儿窒息。

母乳喂养应遵循早开奶，按需哺乳的原则（没有时间与次数的限定）。

判定母乳是否充足的标准：能使新生儿安静睡眠半小时左右/每次，大便次数达到2～6次/每日，呈金黄色糊状，小便次数10次左右/每日，体重增长30～50克/每日，第一个月增长600～1 000克。如果新生儿不能达到以上标准，应该考虑适当添加配方奶。

二、乳房保健指导

1. 哺乳前乳房护理指导

准备好热水和毛巾，请产妇洗手。

使用干净的温热毛巾为产妇清洁乳房。

若乳房肿胀发硬时，应先挤掉少许乳汁，待乳晕发软时即可哺乳。

2. 哺乳中乳房发生问题时的指导

乳房胀痛或出现硬结的处理。可以先在局部热敷 3～5 分钟，再用双手呈螺旋状按摩乳房，一边按摩，一边移动手掌，双手放于乳房左右，再以双手放于乳房上下，从乳房基部朝乳头方向顺序揉压，促使乳腺管通畅，利于乳汁排出。

乳头皲裂的处理。乳头出现放射状小裂口（即乳头皲裂）时，应该根据乳头疼痛与裂伤程度，选择不同的方式，继续哺乳、使用乳盾、吸奶器或者停止哺乳。哺乳时先让新生儿吸吮健侧乳头，后吸吮患侧乳头。如果裂伤过重，疼痛剧烈，可以暂时停止哺乳。可以将乳汁挤出或用吸奶器吸出，装入奶瓶喂养新生儿。

乳腺炎的护理。如果乳房出现乳头疼痛，局部皮肤发红发热，触摸时有疼痛感和硬结，产妇突然高烧 39℃ 以上，并有寒战、畏寒，患侧腋下淋巴结肿大，压迫有痛感，应考虑可能已患乳腺炎。症状较轻者可以做局部温湿敷，或者外敷中药如意金黄散，还可继续进行母乳喂养。如果症状较为严重者，如发高烧并伴有症状，就应该提醒产妇及时到医院就诊。

3. 哺乳后乳房护理指导

母乳过多时挤奶方法。新生儿尚未吃空就停止哺乳时，需将剩余乳汁及时挤干净。挤奶的方法是：先洗干净双手，然后用双手的拇指和其他手指配合轻压在乳晕外的部位，再用拇指和食指同时向下挤压，由轻到重，将乳汁挤出来。

挤出母乳的存放。将挤出的乳汁接到清洁的杯子里，如果新生儿已经吃饱，可以请产妇家人饮用。

挤奶后，用一滴乳汁涂在乳头周围，并晾干。

帮助产妇外置水凝胶、乳垫等乳头保护品，然后戴上胸罩以保护乳房。

【达标标准】

产妇哺乳过程中没有乳头及乳房疼痛、乳头皲裂，并感到哺乳新生儿的幸福。

产妇在哺乳过程中哺乳正常，没有发生乳腺炎。

如果在哺乳中发生乳腺炎症状，应提醒产妇及时到医院就诊。

【注意事项】

掌握乳房按摩的技巧，当乳房出现硬结、硬块时，及时进行疏通乳腺管的按摩。

注意哺乳后如果乳汁存留过多，应该挤出乳汁排空乳房。

【工具与材料】

清洁毛巾、吸奶器、消毒奶瓶、水凝胶等。如果发生乳腺炎，应该准备如意金黄散等外敷中药。

【相关知识】

如果有乳头皲裂，就增加了细菌从破溃处侵入的机会，特别要注意预防乳腺炎。例如，要观察新生儿有无口腔内炎症（如鹅口疮），如有，要提醒产妇为新生儿尽早治疗，以避免新生儿口腔细菌通过乳头皲裂处进入产妇体内，导致乳腺炎。

为了预防乳腺炎的发生，产妇应该穿纯棉的宽松内衣和胸罩，不宜使用化纤制品，因为，化纤制品的纤维微球可能顺乳腺开口进入体内。紧迫的胸罩和内衣对乳房压迫重，不利于乳汁的疏通。

三、产后复查指导

经过6～8周产褥期的休息与调养，产妇身体内器官究竟恢复得如何、日常护理中都有哪些需要改进的地方，这些都需要去医院作全面的检查来了解。

1. 做好提前准备

（1）时机。建议尽量在产后42～56天选择一个好天气、一个适宜的时间出门。

（2）时段。最好是两点一线，家里和医院，不要贪玩，让自己过度疲劳。

（3）穿着。为了便于检查，要提醒产妇穿宽松好穿脱的衣服，避免麻烦。

（4）预习。月嫂应帮助产妇提前了解一下42天都要做哪些检查，想要问医生哪些问题，准备充分一些。

2. 常规检查项目

（1）称体重。最为常规的一项检查，通过产前产后体重的变化幅度，医生会给一些调整饮食、或加强营养的一些建议，以保证奶水充沛的同时，让身体恢复得更快。

体重是最便于自测的健康标准之一，也可以在家备一个电子秤，随时关注体重，均衡膳食。

（2）测血压。成人的正常血压应该是120/80mmHg。产妇在怀孕后血压是和以前不大一样的，不过生产后，一般血压都会恢复到孕前水平，如果血压尚未恢复正常，应该及时查明原因，对症治疗。

（3）尿常规。怀孕时有尿常规异常，或者产后有排便不适，需要做尿常规检查。看是否有炎症，例如，尿路感染。

（4）血常规。妊娠合并贫血及产后出血的产妇，要复查血常规，如有贫血，应及时治疗。若出现高热等症状的妈妈也需要

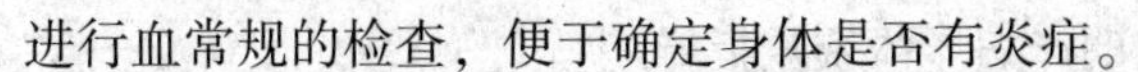

进行血常规的检查，便于确定身体是否有炎症。

(5) 其他内科检查。有产后合并症的产妇，如患肝病、心脏病、肾炎等，应到内科再做检查。

3. 重点检查项目

盆腔器官检查，是产后42天检查中最为重要的一项，也是最能看出妈妈产后复旧情况的一项。

盆腔器官检查的主要包括如下内容。

(1) 子宫。大小是否正常，有无脱垂。如子宫位置靠后，则应采取侧卧睡眠，膝胸卧位的练习有助于子宫位置的恢复。

(2) 阴道分泌物。产褥期过后，一般产妇恶露都会排干净。如果还有血性分泌物，颜色暗且量大，或有臭味，则表明子宫复旧不良或子宫内膜有炎症。

(3) 子宫颈。是否干净，有无糜烂。如有，可于产3~4个月后进行复查及治疗；附件是否有炎症等。

(4) 会阴恢复。顺产妈妈，需检查会阴及产道的裂伤愈合情况、骨盆底肌肉组织紧张力恢复情况以及观察阴道壁有无膨出。

(5) 疤痕恢复。剖腹产妈妈，应注意检查腹部伤口的愈合情况，是否柔软，子宫及腹部伤口是否有粘连等。

(6) 妇科炎症。产后有很多妈妈会并发妇科病，这是非常常见的情况，要听从医生的建议，配合治疗，早日恢复健康。

四、形体恢复指导

1. 产褥早期产妇的形体恢复指导

自然分娩产妇可在产后6~12小时后起床活动。产后一周即可做形体恢复操。

剖宫产产妇于产后第2日可起床活动，产后10天即可开始做形体恢复操。

2. 产褥中晚期产妇形体恢复指导

自然分娩产妇于产后一周可做产后恢复操，但运动量不宜太大，时间不宜太长。

具体做法：请产妇在床上或体操垫上，跟随着音乐开始做操，其顺序如下：手指关节—腕关节—肩关节—腰、背—会阴肌肉、盆底肌肉的锻炼。时间为30分钟左右，1次/日，约3~5天后可以因人而异增加活动量。除上述运动外还可加下肢的运动，包括肌肉及韧带的锻炼，时间可逐渐延长，但不宜超过1小时。

(形体恢复操的具体做法请指导老师带领练习)

侧切或剖腹产产妇一般于产后10天开始做形体恢复操，运动量逐渐增加，时间由短到长，动作从上肢开始按上述程序进行。

【达标标准】

产妇做完操后不感到太疲惫，侧切伤口或腹部伤口不因做操而感觉剧烈疼痛。

经过产褥期后，产妇形体有所恢复。

【注意事项】

开始做操时间不宜太早。

运动量不宜太大。

【工具与材料】

录音机、录音带、体操垫。

【相关知识】

形体恢复操有助于子宫复旧，对盆底肌肉的恢复有积极作用。

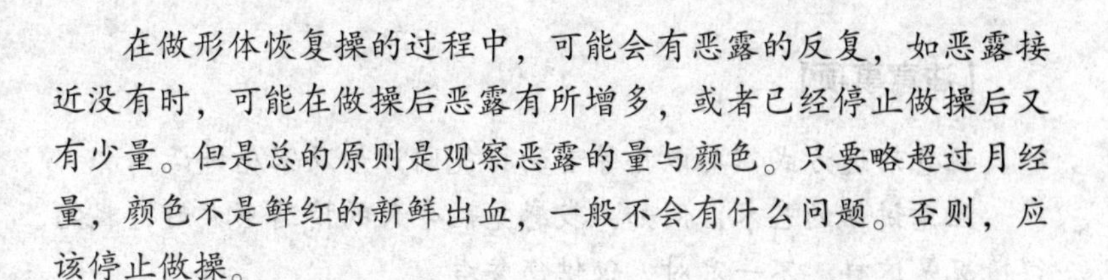

在做形体恢复操的过程中，可能会有恶露的反复，如恶露接近没有时，可能在做操后恶露有所增多，或者已经停止做操后又有少量。但是总的原则是观察恶露的量与颜色。只要略超过月经量，颜色不是鲜红的新鲜出血，一般不会有什么问题。否则，应该停止做操。

五、产后抑郁疏导

产后抑郁疏导主要分为3个环节：与产妇交流沟通、注意观察产妇情绪变化，发现异常及时疏导、将产妇情绪适时适当告知家属，取得家属支持配合。

（1）入户后先与产妇及其家属交流沟通。了解产妇的生活习惯、喜好与禁忌，牢记并遵守，取得产妇的信任。

（2）注意观察产妇的情绪变化，发现产妇情绪低落时，可以主动关心她并与之交流，争取产妇能够敞开心扉，谈出自己的感受，然后帮助产妇解决具体困难，针对产妇情况进行疏导，从好的方面考虑问题。若产妇不愿谈感受时，不可追问，可以先通过收拾房间，建议产妇放一些轻松的音乐，并且做一些产后形体恢复操，缓解产妇负面情绪。

（3）在征得产妇同意的基础上，将产妇情绪适时适当告知家属，取得家属的支持配合。家人的关心和爱护是产妇度过不良情绪阶段的重要因素，但是家属往往不了解产后抑郁是大多数产妇的生理反应，严重者可以发展到产后抑郁症，因此，使家属了解并加以配合很有必要，共同帮助产妇度过这一阶段。

【达标标准】

产妇心情舒畅，产妇及其家属关系融洽。

【注意事项】

注意沟通方式不要以指导者的口气同产妇及家属讲话。

注意讲话的艺术，例如，我感觉她今天的情绪不太好，我觉得情况是这样，不一定对，仅供您参考。

当产妇抱怨她的家属时，不可顺其思维褒贬其家人，应以局外人的视角，引导产妇换位思考，善意理解家人的行动。

要以自己的真诚感受产妇的情绪，进行良好的沟通。

【相关知识】

产后抑郁是从开始分娩到产后一周至数周出现的一过程性哭泣或抑郁状态。产后抑郁是由于生理因素、心理因素和环境因素等多方面综合作用的结果，并不是产妇事儿多，娇气，等等。

产后抑郁发展严重时成为产后抑郁症，终日闷闷不乐，觉得脑子一片空白，不能自制，失眠、疲倦、没有胃口、自责、焦虑，个别人还会出现自杀倾向，出现这种情况需要请医生进行心理疏导和治疗。

第三节　产褥期卫生护理

一、产妇个人卫生指导

产妇个人卫生指导主要分为两个部分：洗擦浴、洗头。

1. 洗擦浴

分为3个步骤：洗擦前的准备、洗擦浴、洗后保暖。

（1）洗擦前的准备。

①关闭电风扇及空调，关好门窗，避免对流风。

②调节室温及浴室内温度在26～32℃，调节水温在39～41℃，

备好洗浴用品：浴液、洗发液、浴巾等。

（2）洗擦浴。

①请产妇进入浴室用淋浴洗发、洗浴。

②若不具备淋浴条件，可帮产妇擦洗，然后在同等条件下另行洗发。

（3）洗后保暖。

洗浴后，叮嘱产妇穿好衣服，暂不外出。然后调节室温至22～26℃。

2. 洗头

洗头发的准备工作与洗澡相同，洗头发后保暖也与洗澡保暖相同。

【达标标准】

洗浴前后产妇活动房间与浴室室温一致，洗浴过程产妇感觉温暖舒适。

【注意事项】

水温控制适当，不可超过50℃，可拿水温计测量。

注意室温控制，洗后不宜马上开空调降低室温和开窗通风，以预防产妇感冒。

洗浴期间避免产妇滑倒摔伤等意外的发生。

【相关知识】

若自然分娩且无侧切伤口，产妇体质许可，产后即可淋浴；若自然分娩有侧切伤口，可于3天后进行淋浴；若为剖腹产，则应待腹部伤口愈合后进行淋浴，此前可进行擦浴。

洗澡次数：1～2次/天即可，每次洗浴时间以10～20分钟为宜，以免时间过久，发生虚脱等意外。

产后洗浴禁用盆浴，以免发生生殖道逆行感染。

由于雌孕激素在产后骤降，产妇在洗头时，可能脱发较多，是正常现象，叮嘱产妇不必担心，此现象会随着自身激素水平的调节而改变。

刷牙：用温开水，不可用力过猛，每次刷2~3分钟即可。

二、产妇休养环境清洁

产妇休养环境清洁主要分为3个步骤：通风前室内清洁消毒、室内通风、通风后调节温湿度。

1. 通风前室内清洁消毒

通风前准备工作：请产妇离开通风房间，然后进行室内除尘，清理杂物，整理卧具。

用1∶500的84消毒液喷洒地面，并擦拭桌椅等室内用具，5~10分钟后开窗通风。

2. 室内通风

房间门窗打开使空气对流，至少20分钟，若消毒液气味未散尽，可继续通风至无味。

通风完毕，待室温达到22~26℃时，请产妇及新生儿进入，然后按同样的程序对其他房间进行通风换气。

【达标标准】

房间内空气清新，无刺激性气味，相对安静，感觉舒适。

【注意事项】

严格按消毒液说明，调好浓度，以免因为浓度过大造成呼吸道刺激症状。

若家中另有幼儿，应将消毒液妥善收藏，以免造成孩子误食等危险。

注意通风后室温变化，避免与其他房间温差过大时就让产妇进入。

【工具与材料】

消毒液、分类专用抹布及塑胶手套、室温度计、湿度计。

【相关知识】

室温在22～26℃，相对湿度45%～60%，自然光照（避免阳光直射）的条件下，产妇感觉最舒适，可以用冷暖空调调节室温，用加湿器调节湿度。也可以于夜间在室内放一盆水以增加空气湿度。

由于产妇出汗较多应避免对流风，电风扇及空调风不宜直吹，以免受凉。

产妇房间不宜放置过多花卉，尤其不宜养植芳香花木，以免引起产妇和新生儿过敏反应。

产妇家中不宜养宠物。

产妇房间保持相对安静即可，不必过于安静，可放柔和的背景音乐，以利于产妇休养。

第四节　特殊产妇护理

一、剖腹产产妇的护理

剖腹产是在分娩过程中，由于产妇或胎儿的原因无法使胎儿自然娩出，而由医生采取的一种剖开腹壁及子宫，取出胎儿及其附属物的过程。由于该手术伤口大、创面广，很容易产生术后并发症。所以，做好术后护理是产妇顺利康复的关键。

（一）护理的注意事项

1. 尽早下床活动

孕晚期和产后比较容易出现下肢深静脉血栓，剖腹产的产妇更容易发生此病。引起此病的危险因素包括肥胖、不能早日下床活动、年龄较大、多胎经等。临床表现为下肢疼痛、压痛、水肿、心跳及呼吸加速。

剖腹产术后双脚恢复知觉就应该进行肢体活动，所以，月嫂应在24小时后协助产妇练习翻身、坐起，并下床慢慢活动，当导尿管拔除后更应多走动，这样不仅能增加胃肠蠕动，还可预防肠粘连及静脉血栓形成等。下床活动前可用束腹带绑住腹部，这样走动时，就会减少因震动碰到伤口而引起的疼痛。

2. 及时大小便

一般剖腹产术后第二天，在静脉滴注结束后导尿管会被拔掉，拔掉后3～4小时应提醒产妇排尿，以起到自然冲洗尿路的作用。如果产妇不习惯卧床小便，则可协助其下床去厕所，若再解不出小便，则应告诉医生，直至能畅通排尿为止，否则，易引起尿路感染。

剖腹产后，由于伤口疼痛使腹部不敢用力，大小便不能顺利排泄，易造成尿潴留和便秘，如果有痔疮，情况将会变得更加严重，所以，手术后应嘱咐产妇按照平时的习惯及时大小便。

3. 清淡饮食

剖腹产产妇术后6小时内因麻醉药药效尚未消失，全身反应低下，为避免引起呛咳、呕吐等，应暂时禁食，若产妇确实口渴，可间隔一定时间喂少量温水。术后6小时，可进食流食，如鸡鸭、鱼、骨头汤等。进食之前可用少量温水润喉，每次大约50毫升，若有腹胀或呕吐应多下床活动，或者用薄荷油涂抹肚脐周围。第一餐以清淡、简单、少量为宜，如稀饭、清汤。若无任何肠胃不适，则可在下餐恢复正常的食量，哺喂母乳的妈妈可多食用鱼汤及多喝水。

术后尽量避免摄取容易产气的食物，其他则依个人喜好适量摄取。避免油腻和刺激性的食物，多摄取高蛋白、维生素和矿物质以帮助组织修复。此外，多摄取纤维素以促进肠道蠕动，预防便秘。其他饮食口可以和自然产产妇的相同。

4. 密切观察恶露

不管是自然产还是剖腹产，产后都应密切观察恶露。剖腹产时，子宫出血比较多。所以，应注意阴道出血量，如发现阴道大量出血或卫生棉垫2小时内就湿透，且超过月经量很多时，就应及时通知医护人员。

正常情况下，恶露10天内会从暗红色变为淡黄色，分娩后两周变为白色，4～6周会停止，若超过4周还有暗红色的分泌物或产后两个月恶露量仍很多时，应到医院检查。看子宫恢复是否不佳，或子宫腔内是否残留有胎盘、胎膜，或是否发生合并感染。

5. 保持伤口清洁

要特别注意腹部伤口愈合及护理。腹部伤口分为两种，直切口与横切口。产后第二天，伤口换敷料，检查有无渗血及红肿，一般情况下术后伤口要换药两次，第七天拆线。如为肥胖病人，或患有糖尿病、贫血及其他影响伤口愈合的疾病要延迟拆线。术后如果产妇体温高，而且伤口痛，则要及时检查伤口，发现红肿可用95%的酒精纱布湿敷，每天2次。如果敷后仍无好转，伤口红肿处有波动感，就确认有感染，要及时到医院就医。如果产妇本身存在下列情况，则需特别注意伤口的状况。

（1）产程或破水时间过长。

（2）手术时间过长、术中出血较多。

（3）产妇本身抵抗力差，如患有糖尿病或营养不良。

（4）剖腹产之前已有羊膜绒毛膜炎。

（5）其他因素，如腹水、贫血、长期使用类固醇或以前接受过放射治疗等。

此外，产后月经恢复的时候要注意伤口是否疼痛，因为，在伤口处易发生子宫内膜异位症，表现为经期时伤口处持续胀痛，甚至出现硬块。一旦出现此类症状，则应及早去医院就诊。

6. 擦浴较安全

剖腹产产妇原则上不要淋浴，若伤口碰到水，要立即消毒，同时，盖上消毒纱布。选择擦浴较安全，至少等拆线后再淋浴。

7. 宜取半卧位卧床

剖腹产术后的产妇身体恢复较慢，不能与自然分娩者一样，在产后 24 小时后就可起床活动。因此，剖腹产者容易发生恶露不易排出的情况，但如果采取半卧位，配合多翻身，就会促使恶露排出，避免恶露淤积在子宫腔内，引起感染而影响子宫复位，也利于子宫切口的愈合。

8. 适当按摩子宫

生产完后，在脐下方可以摸到一团硬块，即为子宫。可适当地按摩子宫，增强子宫收缩，避免发生产后大出血。

另外，静脉滴注或口服药中，大多有子宫收缩剂，产妇应按时将药物服完。生化汤也是帮助子宫收缩的汤剂，可于三餐之后服用。一般来说，子宫收缩会有稍微的疼痛感，但都在可以忍受的范围内，倘若服用止痛药后仍疼痛不止，应请医护人员处理。

若出现子宫异常压痛且合并有发烧症状时，可能是子宫内膜发炎。产后子宫细菌感染是剖腹产后最常见的合并症，产程过长、手术时间过长、术前产妇有贫血或术中出血较多，都容易引起感染，因此，预防性抗生素治疗就成为减少术后感染的方法。

由于目前抗生素药物种类较多而且药效较明显，所以，一些较严重的炎症如骨盆腔脓肿、败血症性休克、盆腔静脉血栓已较少见。

（二）剖腹产后的饮食

1. 剖腹产产后吃什么

剖腹产的产妇对营养的要求比正常分娩的产妇更高。手术中所需要的麻醉、开腹等治疗手段，对身体造成较大的伤害。因此，剖腹产的产妇在产后恢复会比正常分娩者慢些。剖腹产后因有伤口，同时，产后腹内压突然减轻，腹肌松弛、肠蠕动缓慢，易有便秘倾向。产妇在术后12小时，可以喝一点开水，刺激肠蠕动，排气后才可进食，刚开始进食的时候，应选择流质食物，然后由软质食物逐渐过渡到固体食物。

在手术后，可让产妇先喝点萝卜汤，帮助因麻醉而减缓蠕动的胃肠道保持正常运作功能，以肠道排气作为可以开始进食的标志。

萝卜汤的做法。

原料：萝卜500克、筒子骨400克、盐1克、姜2克。

做法：

①将萝卜去外皮，切成块；筒子骨洗净剁碎后放入开水中氽去血水，姜切成片。

②将上述材料先放入锅内过熟后，倒入煲锅中。先用大火煮半小时，后转文火慢熬1小时。

作用：萝卜汤具有增强肠胃蠕动，促进排气、减少腹胀并使大小便通畅的作用。

注意：只喝汤。

术后第一天，一般以稀粥、米粉、藕粉、果汁、鱼汤、肉汤等流质食物为主，分6～8次进食。

在术后第二天，可吃些稀、软、烂的半流质食物，如肉末、肝泥、鱼肉、蛋羹，烂面、烂饭等，每天吃4～5次，保证摄入量充足。

术后第三天就可以吃普通饮食了，注意补充优质蛋白质，各种维生素和微量元素，可选用主食350～400克、牛奶250～500毫升，肉类150～200克、鸡蛋2～3个、蔬菜和水果500～1 000克、植物油30克左右，这样就能有效保证乳母和新生儿的营养充足了。

2. 剖腹产后饮食指导原则

（1）剖腹产后一周内禁食蛋类及牛奶，以免胀气。

（2）避免油腻的食物。

（3）避免吃含深色素的食物，以免疤痕颜色加深。

（4）避免咖啡、茶、辣椒、酒等刺激性食物。

（5）一周后可开始摄入鱼、鲜奶、鸡蛋、肉类等高蛋白质食物，以帮助组织修复。

（6）传统观念认为产妇不宜喝水，否则，日后会肚大难消，这时必须多补充膳食纤维，多吃水果、蔬菜，以促肠道蠕动、预防便秘。

（7）因为失血较多，产妇宜多吃含铁质食物补血。

（8）40天内禁食生冷类食物，如大白菜、白萝卜、西瓜等。

3. 剖腹产后三周补身计划

第一周：以清除恶露、促进伤口愈合为主。

（1）最初可以鸡汤、肉汤、鱼汤等汤类进补，但是不可加酒。

（2）猪肝有助于排恶露及补血，是剖腹产产妇最好的固体食物选择。

（3）甜点也可以帮助排出恶露。

（4）子宫收缩不佳的产妇，可以服用酪梨油，帮助平滑肌收缩、改善便秘。

（5）鱼、维生素C有助伤口愈合。

（6）药膳食补可选用黄芪、枸杞、红枣等。

第二周：以防治腰酸背痛为主。

食物部分与第一周相同，药膳部分则改用杜仲。

第三周：开始进补。

（1）膳食可开始使用酒作辅料。

（2）食物部分与第一周相同，可以增加一些热量，如食用鸡肉、排骨、猪蹄等。

（3）口渴时，可以喝红茶、葡萄酒、鱼汤。

（4）药膳食补可用四物、八珍、十全（冬日用）等中药材。

（三）剖腹产后母乳喂养姿势

1. 床上坐位喂奶法

产妇取坐位或半坐卧位，在身体的一侧放小棉被或枕头垫到适宜高度，同侧手抱住婴儿，婴儿下肢朝产妇身后，臀部放于垫高处，胸部紧贴产妇胸部，产妇对侧手以C字形托住乳房，让婴儿张大嘴巴含住同侧乳头及大部分乳晕吸吮。

2. 床下坐位喂奶法

将坐椅放于床边，产妇坐于椅上靠近床缘，身体紧靠椅背，以使背部和双肩放松，产妇身体的方向要与床缘成一夹角。将婴儿放在床上，可用棉被或枕头垫到适宜高度，产妇环抱式抱住婴儿哺乳，其他姿势同床上喂奶法。

（四）剖腹产后的复原操

1. 产后深呼吸运动

（1）产妇仰躺于床上，两手贴着大腿外侧，将体内的气缓缓吐出。

（2）两手往体侧略张开平放，用力吸气。

（3）然后一面吸气，一面将手臂贴着床抬高，与肩呈一直线。

（4）两手继续上抬，至头顶合掌，暂时闭气。

（5）接着，一边呼气，一边把手放在脸上方，做膜拜状姿势。

（6）最后两手慢慢往下滑，手掌互扣尽可能下压，同时，呼气，呼完气之后，两只手放开回复原姿势，反复做5次。

2. 下半身伸展运动

（1）仰躺，两手手掌相扣，放在胸上。

（2）右脚不动，左膝弓起。

（3）将左腿尽可能伸直上抬，之后换右脚，重复做5次。

3. 腰腹运动

（1）产妇平躺在床上，旁边辅助的人用手扶住产妇的颈下方。

（2）辅助者将产妇的头抬起来，此时，产妇暂时闭气，再缓缓吐气。

（3）辅助者用力扶起产妇的上半身，产妇在此过程中保持呼气。

（4）最后，产妇上半身完全坐直，吐气休息，接着再一边吸气，一边慢慢由坐姿恢复到原来的姿势，重复做5次。

（五）剖腹产后疤痕的养护

疤痕是手术后伤口留下的痕迹，通常呈白色或灰白色，光滑、质地坚硬。大约在手术刀口结疤2~3周后，疤痕开始增生，这个时候，局部会发红、发紫、变硬并突出皮肤表面。疤痕处有新生的神经末梢，但其是杂乱无章的。疤痕增生期大约持续3~6个月，之后纤维组织增生逐渐停止，疤痕也逐渐变平变软。颜色变成暗褐色，这时疤痕就会出现痛痒，尤以刺痒最为明显，特别是在大量出汗或天气变化时常常感到刺痒得难以忍受。夏日，出汗时疤痕被汗液浸湿，汗液中的盐分会刺激疤痕内部的神经末梢，于是就会感觉疼痛和奇痒。当大气变化时由于冷热温差和干湿的变化比平时强烈得多，疤痕内的神经末梢能敏感地感受到这种变化。对此，应告诉产妇不要害怕，疤痕的刺痒会随着时间的延长逐渐自行消失，另外，对于疤痕要小心地养护。

（1）手术后不要过早地揭刀口的痂，过早硬行揭痂会把尚停留在修复阶段的表皮细胞带走，甚至撕脱真皮组织，并刺激伤口出现刺痒。

(2) 涂抹一些外用药，如肤轻松、去炎松、地塞米松等用于止痒。

(3) 避免阳光照射，防止紫外线刺激形成色素沉着。

(4) 改善饮食，多吃水果，鸡蛋、瘦肉、肉皮等富含维生素C、维生素E以及人体必需氢基酸的食物。这些食物能够促进血液循环，改善表皮代谢功能。切忌吃辣椒、葱、蒜等刺激性食物。

(5) 保持疤痕处的清洁卫生，及时擦去汗液，不要用手搔抓、用衣服摩擦疤痕等方法止痒，以免加剧局部刺激，促使结缔组织炎性反应，引起进一步刺痒。

二、高龄产妇的护理

高龄产妇经过十月怀胎，身体消耗很大，再加上难以承受分娩所带来的创伤，普遍存在身体恢复慢的问题，许多高龄产妇产后都要经历慢性咳嗽、便秘、糖尿病和抑郁症这四重难关的考验。所以，高龄产妇的产后护理和调养就显得尤为重要。

1. 产后42天都要静养

高龄孕妇产后要注意静养，不仅是刚生产完头几天要静养，在整个产褥期（产后42天）都要在安静、空气流通的环境中静养，不宜过早负重及操持家务。

高龄产妇中有60%都是剖腹产，手术后的第一天一定要卧床休息。在手术6小时后，应该多翻身，这样可以促进淤血的下排，同时减少感染，防止发生盆腔静脉血栓炎和下肢静脉血栓炎。产妇刚分娩之后，体内的凝血因子一般会增加，以促进子宫收缩和恢复，也能起到止血的作用。但如果总是躺着不动，容易引起血流缓慢，会导致血栓形成，从而造成下肢坏死和盆腔供血障碍。

在手术24小时后，产妇可下床活动，在48小时后，孕妇还可以走得更多一些。这样可促进肠蠕动，减少肠粘连、便秘及尿潴留的发生。慢走的时间，要根据产妇的身体状况来进行调整。

2. 谨防慢性咳嗽和便秘

对于顺产的高龄产妇来说，一旦出现慢性咳嗽和便秘，一定要及时治疗。原因在于产后盆腔韧带松弛、盆底肌肉受伤，咳嗽时用力，会造成子宫托垂、膀胱膨出及直肠膨出，严重时甚至会小便失禁，也不利于盆底肌肉的恢复。比较好的办法是坚持做保健操，包括吸气、屏气、缩肛运动。

孕妇孕期体液都会增加，产后部分体液会随着大小便及汗液排出，这时应勤加擦洗。另外，产妇产后出汗较多，易感染病毒及细菌，不仅可淋浴，还应勤洗澡，勤换衣服，勤通风。但高龄孕妇产后体质较弱，抵抗力差，洗浴通风的同时要谨防感冒。

3. 产后宜温补，不宜大补

高龄孕妇产后都很虚弱，一定要吃些补血的食物，但不能吃红参等大补之物，以防虚不受补。比较适合的是桂圆、乌鸡等温补食品。此外，要补充蛋白质。蛋白质可以促进伤口愈合，牛奶、鸡蛋海鲜等动物蛋白和黄豆等植物蛋白都应该多吃。对于所孕新生儿较大的产妇，由于子宫增大压迫下肢静脉，容易引起痔疮，所以，还应多吃水果和蔬菜。总体说来，产妇的饮食清淡可口、易于消化吸收，且富有营养及足够的热量和水分。

4. 年龄越大越易产后抑郁

从临床上来看，孕妇年龄越大，产后抑郁症的发病率越高，这可能与产后体内激素变化有关。从很多病例来看，很多产后抑郁症在产前就已有先兆，如常常莫名哭泣、情绪低落等，这时家人一定要多加安慰，安抚孕妇情绪。

5. 乳房的护理

研究表明，高龄产妇比适龄产妇产后患上乳房疾病的概率高

3 倍。因此，乳房保健对高龄产妇来说尤其重要。

（1）选择合适的胸罩。

①选择能覆盖住乳房所有外沿的型号为宜。

②肩带不宜太松或太紧，其材料应有一定的弹性。

③乳罩凸出部分间距适中，不可距离过大或过小。

④选择纯棉的材料。

⑤保证胸罩的干净卫生，洗完以后要把内面暴露在太阳底下晒干。

（2）乳头、乳晕部位也要清洁。每次喂奶以前，要把乳头洗干净。另外，要注意正确哺乳，防止乳汁积蓄。

（3）不要强力挤压乳房。

①睡姿要正确。产后女性的睡姿以仰卧为佳，尽量不要长期向一个方向侧卧，这样不仅易挤压乳房，也容易引起双侧乳房发育不平衡。

②夫妻同房时，应尽量避免男方用力挤压乳房，否则，会导致内部疾患。

（4）不要过度节食或禁食。高龄产妇极需营养丰富并含有足量动物脂肪和蛋白质的食品，以使身体各部分储存的脂肪增加。乳房内部组织大部分是脂肪。乳房内脂肪的含量增加了，乳房才能得到正常发育。

（5）定期体检。产前要进行体检确定乳房，尤其是乳头的情况，如果有乳头凹陷等问题要及时在医生的指导下进行处理。

产后如果出现乳房红肿、疼痛等情况也要及时就医，以防因乳腺炎影响哺乳。

另外，每月要进行一次乳房自查，每年要到医院用仪器对乳房进行一次检查，这对乳腺疾病，包括乳腺癌等疾病的早发现、早治疗很有好处。

第三章　新生儿护理

第一节　新生儿生长发育特点

一、足月新生儿和早产儿

新生儿指的是从出生到 28 天的小婴儿。

足月新生儿：胎龄在 37 ~ 42 周，出生体重不低于 2 500 克（2 500 ~ 4 000 克），头围 33 ~ 35 厘米，身长 47 ~ 52 厘米的新生儿。

早产儿、未成熟儿：胎龄不足 37 周，出生体重小于 2 500 克，器官功能不够成熟的新生儿。

新生儿期：胎儿出生后到满 28 天内。

新生儿早期：生后一周内。

二、新生儿的外观特点

1. 头

新生儿的头部占身长的 1/4，头发分条清楚，刚出生时头部可因分娩时受产道挤压，出现局部水肿形成产瘤。

2. 皮肤

新生儿刚出生时皮肤覆盖一层胎脂，皮肤红润、薄嫩，皮下脂肪少、血管丰富，皮肤娇嫩易受感染，鼻尖及鼻翼处面部可见黄白色小点，称粟粒疹，2 周内消失。

3. 口腔

新生儿硬腭中线有黄白色小点，称上皮珠，一个月自行消失，牙龈上亦常有黄白斑点，俗称“马牙”，数周至数月可消失，禁止挑破。

4. 颈部

新生儿颈部短小，要注意颈部是否有胸锁乳突肌血肿（多在出生后2~3周方才发现）。

5. 胸部

新生儿胸部窄小，乳晕清楚，可有乳腺结节，初生时胸围较头围小1~2厘米。

6. 腹部

新生儿腹部微隆，脐带部有残端断痕，注意渗血、渗液、分泌物有无臭味，脐轮是否发红。

7. 四肢

新生儿四肢呈屈曲状，指甲达边缘，足纹多。

三、新生儿的生理特点

1. 呼吸系统

新生儿呼吸为40~60次/分钟，以腹式呼吸为主，呼吸中枢未发育成熟，肋间肌弱，故呼吸浅而快，不规则。

2. 血液循环系统

新生儿的心率为120~140次/分钟，血液多集中于躯干，故四肢易冷及出现紫绀。

3. 消化系统

新生儿胃容量小，贲门括约肌松弛，幽门肌紧张、胃呈水平状，食道短，因此，新生儿常易发生溢奶，出生后24小时内胎便，胎便呈墨绿色、黏稠状，约2~3天排完，如24小时胎便未排要去医院检查，看是否肛门闭锁。吃母乳者大便金黄色、次数多、呈糊状；喝牛奶者大便干且次数少。

4. 泌尿系统

新生儿尿次多，一般新生儿在出生后12小时内排尿，最初几天尿量少，每天排尿4~5次，以后吃奶增加，每天排尿可达20次左右。

5. 体温调节

胎儿在宫内是恒温，生后保暖能力差，散热快，生后第一个小时内体温可降2℃。在生后12~24小时，体温可调节到36~37℃。新生儿体温不稳定，易受外界环境影响。

6. 免疫系统

新生儿的免疫力主要是在出生前通过胎盘获得的，从初乳中也可获得一些抗体。新生儿由于从母体获得了抗体，对麻疹、风疹、猩红热、白喉等没有易感性，一般不会患这些传染病。

7. 神经系统

新生儿的神经系统未发育成熟。每天要睡18~20小时。

第二节　新生儿喂养指导

一、人工喂奶指导

1. 配奶前准备及奶粉配制

清洁双手，取出已经消毒好的备用奶瓶。

参考奶粉包装上的用量说明，按婴儿体重，将适量的温水加入奶瓶中。

用奶粉专用的计量勺取适量奶粉（用刀刮平，不要压实勺内奶粉）放入奶瓶中摇匀。

将配好的奶滴儿滴到手腕内侧，感觉不烫或不太凉便可以给新生儿食用。

2. 喂养中正确操作指导

给新生儿喂奶，以坐姿为宜，肌肉放松，让新生儿头部靠着产妇的肘弯处，背部靠着前手臂处，呈半坐姿态。

喂奶时，先用奶嘴轻触新生儿嘴唇，刺激新生儿吸吮反射，然后将奶嘴小心放入新生儿口中，注意使奶瓶保持一定倾斜度，奶瓶里的奶始终充满奶嘴，防止新生儿吸入空气。

中断给新生儿喂奶，指导产妇只要轻轻地将小指滑入其嘴角，即可拔出奶嘴，中断吸奶的动作。

3. 喂养后的操作指导

与母乳喂养后的指导相同（参照母乳喂养）。

喂完奶后，马上将瓶中剩余牛奶倒出，将奶瓶、奶嘴分开清洁干净，放入水中煮沸 25 分钟左右（或选用消毒锅消毒奶瓶），取出备用。

【达标标准】

喂奶时，腰背、手臂、手腕不疲劳。

新生儿能有效吸吮。

【注意事项】

避免配方奶温度过热烫伤新生儿或因奶嘴滴速过快，新生儿来不及咽下而发生呛奶。

避免奶瓶、奶嘴等用具消毒不洁而造成新生儿口腔、肠胃感染。

严格按照奶粉外包装上建议的比例用量冲调奶粉。

【工具与材料】

奶粉、温开水、奶瓶、奶嘴、消毒锅、奶瓶刷。

【相关知识】

新生儿食量因生长阶段不同而渐渐增加，新生儿1~2周时一般每次吃奶60~90毫升，3~4周时每次吃奶100毫升，以后再酌量增加，新生儿存在个体差异，食量各不相同，一日总量按照150~200毫升/千克体重大致计算，每餐吃奶量大致平均分配，但注意掌握总量（有关事项参照母乳喂养）。

两次喂奶中间，适当给新生儿补充水分（多选择白开水），水量以不超过奶量为宜。

喂奶时，产妇尽可能多与新生儿目光交流，说说话，培养母婴感情。

若喂配方奶时间长，奶水渐凉，中途应加温至所需温度，再继续喂养。

由于新生儿体质存在个体差异，有些新生儿喂配方奶的时候，偶尔会出现过敏现象，所以，应根据新生儿的不同情况调整不同的配方奶。如果确认牛奶过敏，就应选择其他代乳品。

二、混合喂养指导

混合喂养通常是在母乳不足的情况下采用的一种喂养方式，混合喂养可以补充婴儿的乳食摄取量，满足生长发育的营养需求。

1. 混合喂养概念

如果经过许多努力后母乳仍然不足时，就要考虑在继续母乳喂养的同时适当增加一些代乳品，如牛奶、奶粉等，使婴儿吃饱，维持正常的生长发育，这种将母乳喂养和人工喂养结合起来的喂养方法称为混合喂养。

混合喂养虽然不如母乳喂养好，但在一定程度上能保证母亲的乳房按时受到婴儿吸吮的刺激，从而维持乳汁的正常分泌，婴

儿每天能吃到2～3次母乳，对婴儿的健康仍然有很多好处。

2. 混合喂养的方法

混合喂养的方法有两种，两种方法可根据具体情况选用，以补授法效果较佳，但不论采取哪种方法，每天让婴儿定时吸吮母乳是必不可少的，并且补授或代授的奶量及食物量一定要足，要注意卫生。

（1）补授法。每次先喂哺母乳，让婴儿将乳房吸空，然后再喂配方奶。由于喂哺次数不变，而且每次都将乳房吸空，因此，采用此法常常可使母乳的分泌量逐渐增多。

（2）代授法。一顿全部用母乳喂哺；另一顿则完全用配方奶，也就是将母乳和配方奶交替喂哺。在喂配方奶时，仍应将母乳挤出或吸空，以保证乳汁不断地分泌。吸出的母乳应放在清洁的容器中冷藏，仍可以给婴儿吃。注意，母乳的储存时间不宜超过8小时。

但要注意，在喂哺代乳品时不要加糖，不要甜。因为，吃惯了有甜味的代乳品，就会觉得母乳淡而无味。

三、喂水指导

1. 喂水的必要性

人体的大部分是水，年龄越小，体内水分所占比例越高。足月儿水分约占体重的75%，早产儿占80%左右，成人占60%左右。由于新生儿体表面积较大，每分钟呼吸次数多，水分蒸发量也较多，而他们的肾脏为排泄代谢产物所需的液体量也较多。因此，新生儿按每千克体重计算，所需的液体较多。在第一周以后，新生儿每天需要液量为每千克体重120～150毫升。所以，除了喂奶，千万不要忘记喂水。用牛奶喂养者或炎热夏季出生的新生儿，尤其要注意喂水。

2. 喂水时间与频率

新生儿出生后，可在6～8小时之后开始喂哺。在喂奶之前，可先喂一两次糖水，观察新生儿吸吮能力和有无吐奶等现象，身体健壮的可早喂，身体较弱的可晚喂几个小时。

以后每隔3～4小时喂一次，夜间可少喂一次。

3. 喂水要求

每次喂15～20分钟。人工喂养的新生儿可以在两餐之间喂点糖水，但不能过甜。大多家长会以自己的感觉为标准，自己尝过后觉得甜才算甜。其实，新生儿的味觉要比大人灵敏得多，大人觉得甜时，对新生儿来说就过甜了。

用高浓度的糖水喂新生儿，最初可以加快肠蠕动，但不久就转为抑制作用，使新生儿腹部胀满。喂新生儿的糖水应以大人觉得似甜非甜为宜。

四、溢奶处理

溢奶处理主要分为3个步骤：喂奶后护理（即新生儿吃完奶再处理）、溢奶时处理、溢奶后处理。

1. 喂奶后护理

主要是拍嗝，避免溢奶。

哺乳完以后应该把新生儿轻轻竖着抱起来，让新生儿头部靠在产妇的肩部，使产妇一手托着新生儿的臀部，一手呈空心状从腰部由下向上轻叩新生儿背部，使新生儿将吃奶时吞入胃内的气体排出，一般拍5～10分钟。

若无气体排出，可给新生儿换个姿势，但动作一定要轻，继续拍5～10分钟左右（具体情况因人而异），拍完后将新生儿放到床上，应以右侧卧位为宜。

2. 溢奶时处理

主要是及时清理口腔及鼻腔中溢出的奶。

如新生儿为仰睡，溢奶时可先将其侧过身，让溢出的奶流出来，以免呛入气管。

如新生儿嘴角或鼻腔有奶流出时，应首先用干净的毛巾把溢出的奶擦拭干净，然后把新生儿轻轻抱起，按上述拍嗝时的体位（竖抱）拍其背部一会儿，待新生儿安静下来（睡熟）再放下。

3. 溢奶后处理

将擦拭过奶的毛巾及被溢出的奶弄湿的新生儿衣服、小被褥等清洗以后，晾干备用。

【达标标准】

新生儿溢奶少，无呛奶现象发生。

【注意事项】

每次喂完奶后均应拍嗝，时间长短因人而异。

新生儿每次吃完奶后应以右侧卧位为宜。

溢奶后一定要及时清理干净口、鼻中溢出的奶，以防吸入气管。

【工具与材料】

干净的小毛巾、衣服、清水、脸盆。

【相关知识】

新生儿因其胃呈水平位，贲门括约肌发育不完善，所以容易发生溢奶，并且难以完全避免，因此，一定要注意护理，避免呛奶的发生。

因每个新生儿体质不尽相同，故每次拍嗝不一定以拍出嗝为主要目的，有的新生儿拍完后虽不打嗝，但不一定会溢奶，有的新生儿即使打了嗝也还会溢奶，所以，一定要让新生儿吃完奶后右侧卧位，一方面是因为这个睡姿有利于消化系统的发育；另一方面即使发生溢奶，奶液也可顺着嘴角流下来，不至于呛入气管。

喂奶前尽量避免新生儿大哭，大哭易使空气进入胃内，更容易引起溢奶，故应先让新生儿安静下来再吃奶。

人工喂养或混合喂养的新生儿因需用奶瓶吃奶，进气更多，比纯母乳喂养的新生儿更易呛奶，因此，应在喂完奶后多拍一会儿，尽量使吸入胃内的气体排出。

第三节　新生儿大小便护理

一、新生儿大小便的状况

1. 大便

大多数婴儿出生后 12 小时内开始排出粪便，即“胎便”。出生后第一天排出的完全是胎便，颜色通常是深绿色、棕黑色或黑色，呈黏糊状，没有臭味。接下来几天，粪便颜色逐渐变淡，一般在 3 ~4 天内胎便排尽，婴儿粪便转为黄色。

如果婴儿出生后 24 小时以后不见胎便排出，应报告医生，请其进行检查，看看有无肛门、有无腹部膨隆和包块等情况，以确定是否有消化道的先天异常。

2. 小便

多数婴儿出生后第一天就开始排尿，但尿量很少，全天尿量通常只有 10 ~30 毫升；小便次数开始也不多，第一天只有 2 ~3 次；尿色开始较深，一般呈黄色，以后随着开始喂奶，婴儿摄入的水分逐渐增加，小便总量逐天增加，小便次数也逐渐增多，到出生后一周小便次数可增加到每天 10 ~30 次，小便颜色也慢慢变淡。

少数婴儿出生后刚排出的小便略带砖红色，这是由于尿酸盐沉积所致，属正常现象一般不必特殊处理，只需增加喂奶量，过几天即可逐渐消失。

3. 不同喂养方式的排便次数

（1）母乳喂养婴儿的排便次数。母乳喂养的婴儿在出生后几周内，每天会有几次排便，有些在每次哺乳后都排便，通常是浅黄色面糊状或浓奶汤状。在1～3个月时排便次数慢慢减少，有的1天只排便1次，还有的需隔1天或更长时间排便1次。对于这种情况，只要婴儿没有不适，就不必担心。母乳喂养的婴儿即使2～3天排便1次时，大便都应该是软的。

（2）人工喂养婴儿的排便次数。人工喂养的婴儿每日可排便1～4次，并逐渐过渡到每天1～2次。作为月嫂，要注意婴儿大便的质地是否正常，如果大便的质地正常，排便的次数多少并不重要。

二、大小便后的清洁处理

新生儿不懂得控制大小便，屁股经常会沾上大小便，清洗时不仅要注意是否洗得干净，还要注意不要因为手力过重伤到婴儿。下面分男女婴来介绍大小便的清洁处理。

1. 女婴清洁的基本步骤

步骤1：解开纸尿裤，擦去肛门周围残余的粪便，用湿巾纸或洁净的温湿毛巾擦洗小肚子各处，直至脐部。

步骤2：用一块干净的湿巾擦洗婴儿大腿根部所有皮肤褶皱，由上向下、由内向外擦。

步骤3：抬起婴儿的双腿，并把一只手指置于女婴双踝之间。接下来清洁其外阴部，注意由前往后擦洗，防止肛门处的细菌进入阴道和尿道。用干净的湿巾纸清洁肛门，然后清洁屁股及大腿，向里洗至肛门处。

步骤4：擦干双手，用纸巾抹干婴儿的屁股。如果患有红臀，可以先让婴儿光着屁股玩一会儿，使屁股干透，并在外阴部四周、阴唇及肛门、臀部等处擦上护臀膏。

2. 男婴清洁的基本步骤

步骤1：让婴儿平躺在床上，解开纸尿裤，男婴常常在此时开始撒尿，因此，解开纸尿裤后仍将尿布的前半片停留在阴茎处几秒钟，等他尿完。利用纸尿裤的吸水性，兜住尿液，以免弄湿和污染床垫。

步骤2：月嫂站在婴儿身体的右侧，先用左手抓住婴儿的两只脚踝向上拉起，一只手指置于其两踝之间，以免因两腿挤压得过紧造成婴儿疼痛不适。再用右手翻开纸尿裤，用相对洁净的纸尿裤内面擦去肛门周围残余的粪便，将纸尿裤前后两片折叠，暂时垫在屁股下面。然后，放下婴儿的两脚，用专门的湿巾纸或洁净的温湿毛巾擦洗屁股。

步骤3：先擦洗肚皮，直到脐部。再清洁大腿根部和外生殖器的皮肤褶皱，由里往外顺着擦拭。用干净的湿巾清洁睾丸及阴茎下面。

给婴儿清洁阴茎时，要顺着离开其身体的方向擦拭，不要把包皮往上推。在男婴半岁前都不必刻意清洗包皮，因为，大约4岁左右包皮才和阴茎完全长在一起，过早地翻动柔嫩的包皮会伤害其生殖器。当清洁睾丸下面时，用手指轻轻将睾丸往上托住。洗完前部，再举起婴儿的双腿，清洁肛门及屁股后部。

步骤4：月嫂擦干双手，用纸巾抹干婴儿的屁股。如果患有红臀，可以先让他光着屁股玩一会儿，使屁股干透，并在肛门周围、臀部涂抹一些护臀膏。

三、尿布的使用与更换

1. 使用布尿布的方法

尿布有长方形和正方形两种，正方形尿布的边长大约为

70~80 厘米，折成三角形使用，因此，又称之为三角尿布。长方形尿布一般宽约 35 厘米，长 100~120 厘米，对折成细长条，做成圈形使用。

婴儿的腿，总是两腿伸开自然形成 M 字形的姿势。如果换尿布的动作太粗鲁，会引起髋关节脱臼，所以，必须在不破坏腿的自然姿势的前提下垫尿布。

垫尿布时，尽量要松松地垫上。只垫上胯股部分就可以了。如果用尿布和尿布罩、衣服等将婴儿的下半身勒得太紧，不仅会妨碍其腿部运动，也会妨碍其呼吸运动。绝对不能用过去常见到的那种从腰到脚层层缠绕的方法。

在婴儿成长过程中要不断变换尿布的叠法和垫法。出生后 3 个月内尿量少，用长方形尿布竖着叠两折。只垫在胯下就可以了（正方形尿布竖着叠四折）。

尿布罩要用胯裆间宽大的，不要勒紧新生儿的腿部的较好。3 个月以后尿量增多，长方形尿布需用两块才能不漏尿。正方形尿布最好变换一下叠法，下面介绍两种方法。

（1）方法 1。

步骤 1：将正方形尿布对折 2 次成小正方形。

步骤 2：拉开一个角，这样一边是三角形，另一边还是正

方形。

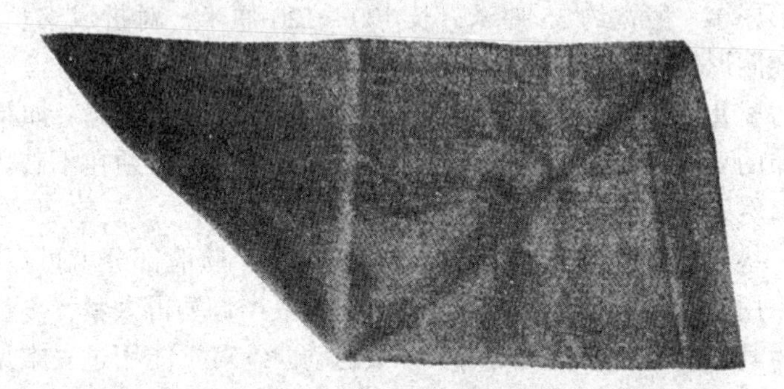

步骤3：换一个方向，三角形在下面，正方形在上面。

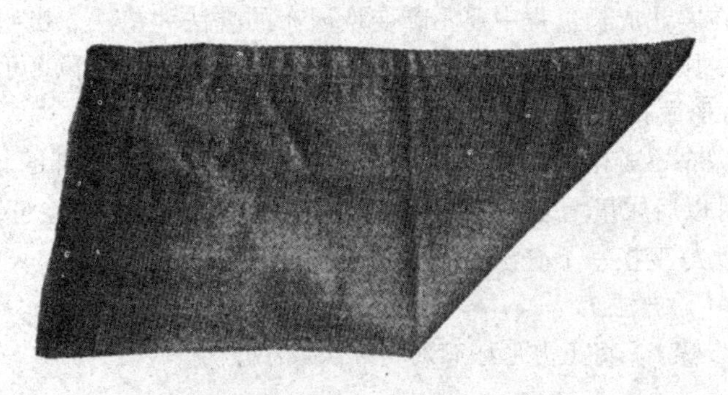

步骤4：把正方形向右折3份，分两次折完，中间吸尿的部分比较厚一些。

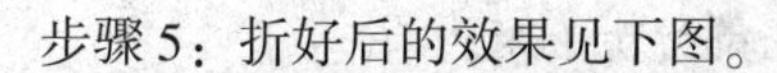

步骤 5：折好后的效果见下图。

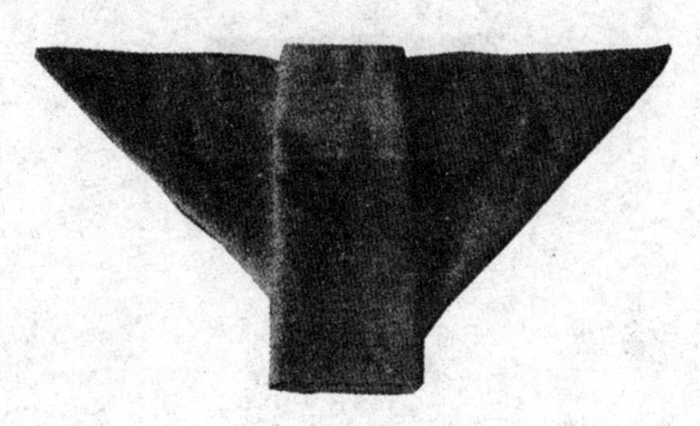

（2）方法 2。

步骤 1：摆好正方形的尿布。

步骤 2：像折纸飞机一样，以斜线为中心，将两边折过来。

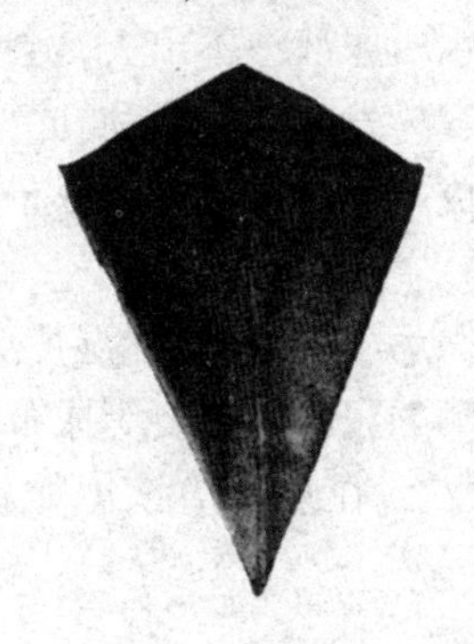

步骤3：再把上面的三角部分折下来。

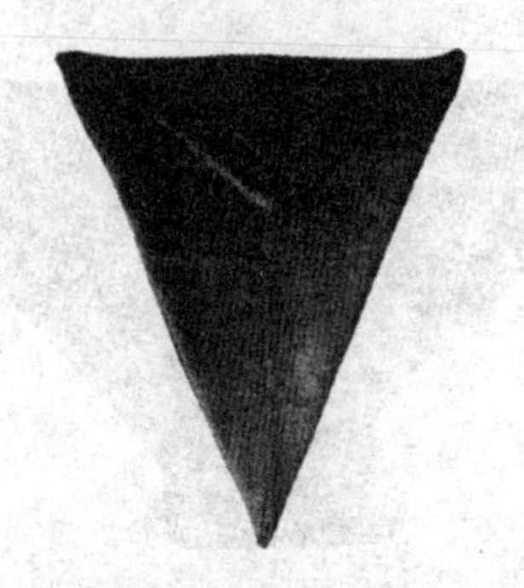

步骤4：将下面的角往上折即完成

2. 使用尿布时应注意的问题

（1）不应在尿布外再垫塑料布或橡皮布。因为，塑料布或橡皮布不透气、不吸水，尿液渗不出去，会使新生儿臀部的小环境潮湿、温度升高，容易发生尿布疹和真菌感染。但是，可以在夜间用棉花、棉布做成厚的尿布垫垫在尿布外面，但更换的间隔时间不宜过长。

（2）到了夏季，气候炎热，空气湿度大，给新生儿换尿布时不要直接用刚刚暴晒的尿布，需要等尿布凉透后再用。从防止发生尿布疹的目的出发，在夏季应该增加新生儿“光屁股”的

时间。

(3) 气候寒冷的冬季，在给新生儿换尿布时，要用热水袋先将尿布烘暖，也可放在大人的棉衣内焐热再用。这样新生儿在换尿布时就不会有不舒服的感觉。

3. 换尿布的方法

至少要为新生儿准备 15 ~ 20 套尿布，条件许可，最好准备 30 套。

换尿布要在做好全部准备以后，快速换上。在冬季，要用暖炉将尿布烤暖些，换尿布人的手也要暖和。

大便后换尿布时，应先用尿布干净的部分擦净臀部的大便，再用脱脂棉或纱布浸泡在热水里，拧干后擦干净臀部；小便后换尿布时，也应该这样做。

给女婴擦臀部时，要从前向后擦。也就是先洗小便部位，再洗大便部位。给男婴擦臀部时，要看阴囊上是否沾有大便。换完尿布，一定要洗手以保持清洁。

四、纸尿裤的使用与更换

1. 使用纸尿裤的方法

健康的皮肤应当是干爽的。湿皮肤很快就会变得脆弱，易发生尿布疹。为了最大限度地减少纸尿裤造成的湿润，应当经常更换纸尿裤，并使用吸收力强的纸尿裤。

凡士林油、氧化锌软膏或尿疹膏也有助于保护皮肤不受潮湿的影响。新生儿粉也许会使成年人的皮肤感到很舒服，但并非最适合新生儿。新生儿粉可以在短时间里减少纸尿裤与新生儿皮肤之间的摩擦，但是，一旦被尿浸湿，就不起作用了。

2. 使用纸尿裤时应注意的问题

(1) 换纸尿裤要及时。新生儿的尿中常溶解着一些身体的代谢物，如尿酸，尿素等。尿液一般呈弱酸性，会形成刺激性很强的化合物。吃母乳的新生儿大便呈弱酸性，喝牛奶的新生儿大便呈弱碱性；吃母乳的新生儿大便会稍微稀一点，喝牛奶的新生儿大便会稍干一些。无论是干便、稀便，或者是酸性、碱性物质，对新生儿的皮肤都具有刺激性。如果不及时更换纸尿裤，娇嫩的皮肤就会充血，轻者皮肤发红或出现尿布疹，严重时还可能引起腐烂、溃疡、脱皮。

（2）纸尿裤的接头要粘牢。为新生儿更换纸尿裤时，一定要使接头粘住纸尿裤。如果使用了新生儿护理产品，如油、粉或沐浴露等，则更要特别注意。这些东西可能会触及接头，使其附着力降低。

（3）在固定纸尿裤时，要保证手指的干燥和清洁。

3. 换纸尿裤的方法

对于新生儿，似乎要一直不停地换纸尿裤。随着新生儿的不断成长，纸尿裤的更换次数会逐渐减少，开始时平均每天 10 次左右，逐渐减少到 6 次左右。

（1）应当何时更换纸尿裤，可依照以下的简单指导。

①在每次喂奶之前或者之后。

②在每次大便之后。

③在新生儿睡觉之前。

④当新生儿醒来时。

⑤带新生儿外出之前。

（2）更换纸尿裤的详细步骤。

①准备工作：在更换纸尿裤时，手边应当准备好。

一条干净的纸尿裤。

一包湿纸巾。

一条新生儿隔尿床垫。

一条软毛巾。

小盆温水。

尿疹膏或凡士林油。

一定要在更换之前将一切都准备就绪，千万不要将新生儿独自留在床上。

②换尿布：让新生儿平躺在床上，将新生儿隔尿床垫垫在其身下。

拿掉湿的尿裤，将新生儿双脚向上抬高固定好，并用湿纸巾由上而下擦拭。

如果只是尿湿了，换一条即可。

如果新生儿的屁股上还沾上了大便，应当先用湿纸巾或软毛巾将大便捞去，再用温水将臀部清洁干净。除非新生儿有腹泻，否则没有必要使用肥皂。腹泻时，可使用新生儿专用肥皂（即使是柔性肥皂也会将新生儿皮肤上重要的自然油消除掉）。

擦净后，将新生儿臀部抬高，涂上软膏或者凡士林油。

将纸尿裤有胶带的部分朝向腰部方向，垫在臀部下方，将纸尿裤包起来。

【注意事项】

若新生儿脐带尚未脱落，为避免纸尿裤摩擦脐部，可将纸尿裤上缘向内折，露出脐部，双侧胶带粘于纸尿裤不光滑面，即可重复粘贴。

纸尿裤的松紧度是否合适，可将双手食指放入纸尿裤间，测试是否太紧或太松。

4. 换纸尿裤步骤图解

步骤 1：更换新尿布前，先清理之前的排泄物

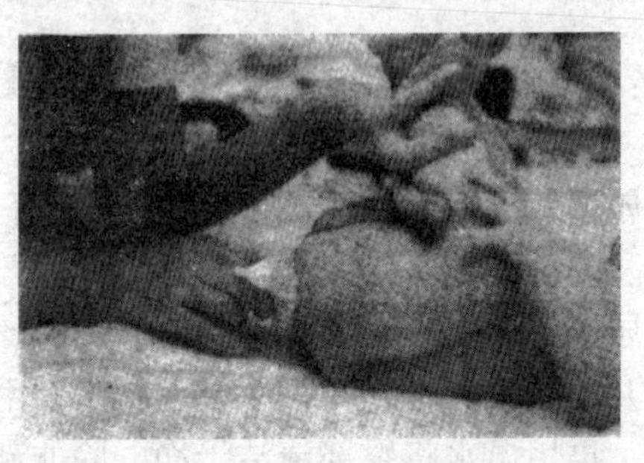

步骤 2：放纸尿裤

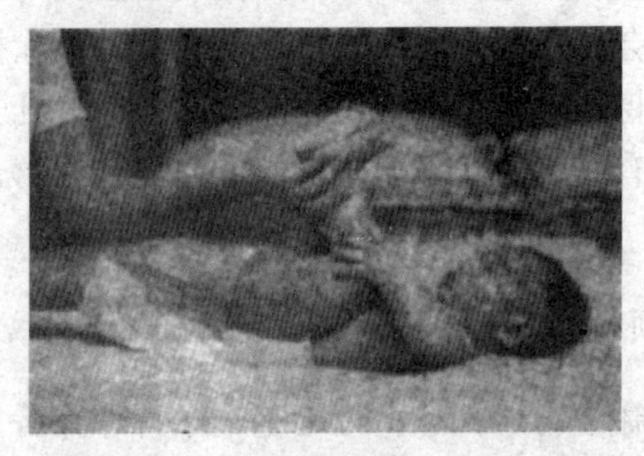

步骤 3：放纸尿裤时，注意将有粘贴胶纸的一边置于婴儿的屁股后面，而放置的角度上，纸尿裤的上缘与婴儿的腰际等高即可。

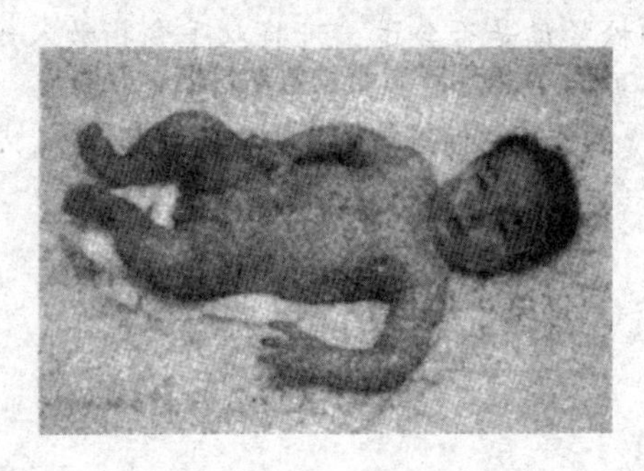

步骤4：假如是女孩，其后面的尿布长度应该留长一些；如果是男孩，则应该将前面尿布留长一些。

步骤5：注意两边的裤脚应保留两指宽，以免婴儿觉得太紧不舒适。

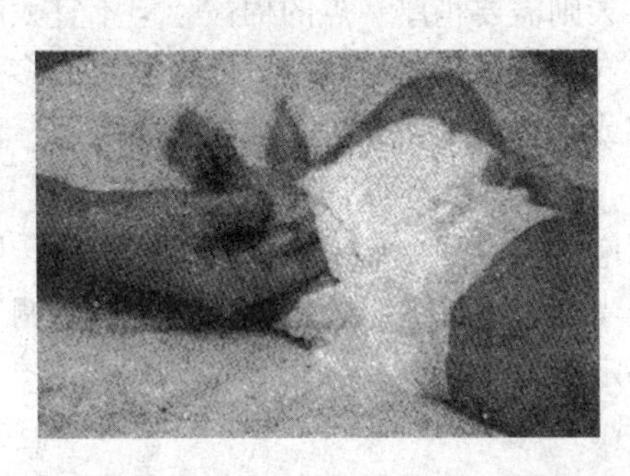

第四节　新生儿的生活护理

一、四项基本生活护理

1. 测体温

先将体温计水银柱甩到36℃以下，然后把体温表表头放在新生儿腋下，用手轻轻压住新生儿上臂使其将表夹紧，测量时间为5分钟。

取出后读表：旋转表身见到水银柱，再看刻度，读出刻度数。正常新生儿体温在36.5～37.5℃。

新生儿期应该注意监测体温，每日不少于2次。

2. 穿衣盖被

新生儿期是个特殊时期，室温应该保持在22～26℃，过冷过热对新生儿都不利。在适当的室温下，新生儿一般应穿纯棉连身服，不要给新生儿穿分身的衣服，因为，在抱新生儿时，分身服容易露出肚子，以免新生儿着凉或擦伤脐带部位；避免卧床时衣服的皱褶压伤新生儿的娇嫩皮肤；纯棉衣服对新生儿皮肤无刺激性，透气性好。

新生儿的包被一般以纯棉的为好，不宜太厚，夏天时一般用夹被即可，冬天则需要稍厚一点的棉被，但不宜太厚。

新生儿在穿衣盖被方面应注意适度，不宜太多太厚，如果感觉新生儿颈部或手心出汗，并且出现烦躁、哭闹、面部潮红或体温比平时稍高，试表后，体温仍在正常范围之内，则有可能是穿盖太多了，则应适当减量；如果新生儿手脚发凉，则有可能穿盖少了，则应适当加衣或加被。总之，新生儿体温调节中枢发育不完善，穿盖一定要适度。

3. 剪指甲

给新生儿剪指甲应使用婴儿专用的指甲刀，选在新生儿睡眠时或比较安静的时候来剪，以免剪伤新生儿细嫩的小手指。

新生儿的指甲一般不宜剪得太短，以免引起甲沟炎，在剪的时候应尽量使指甲圆滑，不应留有尖，以免新生儿抓伤自己脸部。

4. 睡眠观察

新生儿的睡眠到觉醒有一定规律，大致可分为6种意识状态，安静睡眠、活动睡眠、瞌睡、安静觉醒、活动觉醒和哭。有时新生儿在睡眠的时候会手足突然抖动或者一惊，这不是抽风，

是正常睡眠现象。有时也会吭吭几声，动动身体，这不是什么问题，不过是睡累了换个姿势，也是正常的睡眠现象。

【达标标准】

测量体温正确。

按照季节和室内温度的情况，保持室内适宜的温度，室内温度不宜过热。

会正确使用专业婴儿指甲刀。

了解并掌握新生儿睡眠特点。

【注意事项】

当新生儿保温过度，或者外部温度过高，或者新生儿进食水量过少，都有可能体温增高，因此，当新生儿体温超过正常时，一般状态没有异常时，不一定都是生病了，应该注意上述4个方面的情况。

在给新生儿穿衣盖被时，应该多注意避免保温过热的情况发生。

给新生儿剪指甲时，如果用普通指甲刀，要特别注意不要剪伤了新生儿的手指。

不要让新生儿养成抱着才能睡的坏习惯，这样会给今后的看护增加难度。哄新生儿时，不宜抱着摇晃，以免损伤大脑。

【工具与材料】

体温计、包被、纯棉连身服、婴儿专用指甲刀、婴儿专用小床。

【相关知识】

新生儿体温调节中枢尚未十分完善，体温受外界环境影响较大，当室温在22℃左右时新生儿能保持正常体温。因此，室温应该保持在22℃上下。酷夏应该注意通风，可以使用空调。如果通风不足，温度过高，可能发生脱水热，要保持警惕。一旦无其他病因的体温升高，应该首先排除脱水热的可能。应该给新生儿喝足够的水。

新生儿的神经系统发育尚未十分完善，大脑皮层的兴奋性低，因此，容易疲劳，易于进入睡眠状态。

二、洗澡

主要分为3个步骤：洗澡前的准备、洗澡、洗澡后的处理。

1. 洗澡前的准备

时间选择：喂奶后1小时左右。

室温调节：室温保持在24～26℃，如果达不到，应先开空调或其他取暖设备将房间加温。

洗澡物品准备：澡盆、浴液、小毛巾、干净内衣、尿布、包被、爽身粉、酒精、消毒棉签等。

水温：38～40℃，可用水温计测量或用手肘内侧测试水温(感到不烫为适宜)。

2. 洗澡

洗头：先脱去衣服并用浴巾包好新生儿，然后将新生儿的双腿夹在腋下，用手臂托其背部，手掌托住头颈部，拇指和中指分别堵住新生儿的两耳；另一手将新生儿的头发蘸湿，取适量浴液于掌心并在洗澡水内过一下，然后给新生儿洗发，轻揉片刻，将泡沫洗净。

洗身体：洗完头后，撤去包裹浴巾，用前臂垫于新生儿颈后部，拇指握住新生儿肩部，其余四指插在腋下，另一手托住臀部，先将新生儿双脚或双腿轻轻放入水中，再逐渐让水慢慢浸没臀部和腹部，呈半坐位（若浴盆内放置浴网，可直接将新生儿放

在浴网上）。另一手撩水，先洗颈部和躯干，再洗四肢。洗完前身后反转新生儿，使其趴在家政服务员前臂上，由上到下洗背部、肛门、腘窝皮肤皱褶处。

洗后：洗完后，双手托住头颈部和臀部将新生儿抱出浴盆，放在干浴巾上迅速吸干身上水分（且勿用力擦拭）。

3. 洗澡后的处理

用消毒棉签处理脐部，保持脐部干燥清洁（详见脐部护理）。

在双手上涂抹润肤油，开始为新生儿做抚触（详见新生儿抚触）。

在皮肤皱褶处撒上爽身粉，穿好衣服，垫好尿布。

【达标标准】

新生儿皮肤清洁，无感染发生。

【注意事项】

避免洗澡时室温太低，导致新生儿受凉。

倒水时应先放凉水，后加热水，以免烫伤新生儿。

先倒少许爽身粉时要在手上，然后轻轻擦拭，避免粉尘影响新生儿呼吸。

不要将爽身粉涂于新生儿外阴，特别是女婴。

避免一手抱孩子，一手做其他事情，以免发生危险。

【工具与材料】

澡盆（浴架和浴网）、浴巾 2 条、小毛巾 1 条、婴儿专用沐浴露、洗发水、消毒棉签和棉球、婴儿润肤油、婴儿爽身粉、纸尿裤或干净的尿布和衣服。

【相关知识】

洗澡时间不宜过长，以10分钟左右为宜。

洗澡时，家政服务员及产妇应保持微笑，并和新生儿说话，增加感情交流。

洗澡时，应注意观察新生儿是否有异常情况发生，早发现问题早处理。

三、新生儿用品的清理与消毒

主要分为两个步骤：新生儿用品分类清理、新生儿用品消毒处理。

1. 新生儿用品分类清理

衣、物的购买与清理：指导产妇购买新生儿衣物时，首先要注重材质，最好选择柔软舒适的棉质内衣裤，不要给新生儿买人造纤维衣物；样式要选择易于穿脱的，不带纽扣的开身和尚衫最适合新生儿。新生儿的衣、物应有单独的储物箱装放，便于存取，保持衣物清洁。

被褥的购买与清理：指导产妇应单独准备婴儿床及床上用品。婴儿床要有护栏，保证孩子的安全，防止孩子从床上掉下来被磕伤、碰伤。床上用品以棉质为主，设计简洁、透气性好为首选。经常更换，保持清洁。

奶具的购买与清理：指导产妇至少购买不同大小的奶瓶两个（一个喂水；另一个喂奶或储存母乳）。奶具数量可酌情增加。喂完奶或水后，即时彻底清洗奶瓶，避免细菌滋生。

2. 新生儿用品消毒指导

衣服、被褥的消毒：指导产妇将新生儿的衣服、被褥分开，按适当的比例用专业消毒水，浸泡衣服、被褥10～20分钟。然后用洗洁剂去除奶渍、污渍。最后用清水清洗，直至无泡沫，

并置于太阳光下曝晒至少 1 小时。

奶具的消毒：将清洗干净的奶具放置专用消毒锅内，蒸汽消毒 10 ~ 15 分钟（注意将奶嘴拧下）。或将奶瓶、奶嘴放入铁锅里进行煮沸消毒 10 ~ 15 分钟。如中途放置其他奶具，需重新计时。

【达标标准】

衣服、被褥清洁卫生，不发霉，无螨虫发生，新生儿无皮肤疾患出现。

奶具清洁卫生，新生儿喂哺后无鹅口疮出现，无因不净食物引起的消化系统疾患。

【注意事项】

避免将新生儿衣物和成人衣物混合洗涤，一定要分开洗涤，洗后对新生儿衣、物进行消毒处理。

消毒后的奶具注意不要用手直接接触奶瓶口及奶嘴，应用夹子取出。

【工具与材料】

婴儿专用衣物消毒剂、消毒锅。

第五节　新生儿专业护理

一、眼部护理

主要分为 3 个环节：正常情况下新生儿眼部的保健、新生儿眼部的护理、新生儿眼部炎症的护理。

1. 正常情况下新生儿眼部的保健

新生儿的眼睛对强光很敏感，照相、摄像时要避免使用闪光灯。

新生儿晒太阳时，要注意遮住孩子的眼睛，避免强烈的阳光直射而刺伤新生儿的眼睛。

早期训练新生儿视觉能力时，要注意悬吊响铃玩具的高度，应离新生儿20厘米左右。

2. 新生儿眼部的护理

要用专用的清洁毛巾和流动的水给新生儿洗脸和清洁眼部，不要用手直接触摸新生儿的眼睛，以免病原菌侵入眼睛。

如果新生儿眼部有分泌物，可以用消毒棉球蘸水清洁眼部。

3. 新生儿眼部炎症的护理

新生儿眼部如果出现很多脓性分泌物并伴有眼睑红肿，结膜充血，首先应该到医院就诊，待作出正确的诊断后，对症治疗。

一般新生儿眼部炎症，医生常用0.25%的氯霉素眼药水或小乐敦眼药水。使用方法是先洗干净双手，然后用清洁棉球蘸水擦拭掉分泌物，在眼内眦处各滴一滴眼药水。每天2~3次即可。

【达标标准】

正常新生儿不发生眼部炎症。

能为已经发生眼部疾患的新生儿清洁眼部和滴眼药。

【注意事项】

给新生儿眼部清洗时一定要洗干净双手，新生儿专用的小毛巾等物品一定要清洁。

不要乱放、乱扔沾有分泌物的棉球，避免造成再次污染。

【工具与材料】

0.25%氯霉素眼药水或小乐敦眼药水、清洁小毛巾、专用小脸盆、消毒棉球。

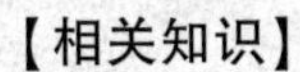

新生儿眼炎表现为结膜充血、脓性分泌物、睡眠时分泌物可结成痂，粘住上下眼睑，以至睁不开眼。应该及时请医生诊治，遵照医嘱护理。

严重的眼炎可导致角膜溃疡，甚至穿孔，造成失明。

当产妇患有淋病时，新生儿可在分娩时经由产道感染淋球菌眼炎，此时，新生儿眼部症状比较严重，应该及时到医院就诊，以免贻误病情给孩子带来不可挽回的严重后果。

当新生儿的眼睛出现不断流泪，总是泪眼汪汪，可能是一只眼，也可以是双眼，应该考虑到这可能是因为鼻泪管不通而造成的。出现这种情况，应及时到医院就诊。

二、臀部护理

主要分为两个环节：大、小便后处理、常规护理。

1. 大、小便后护理

大便后处理：大便后应及时更换纸尿裤，以免尿便刺激臀部皮肤发生臀红尿布疹。处理方法为先用湿纸巾轻轻地将臀部的粪便擦拭干净。如果大便较多，就用清洁的温水清洗干净，然后涂擦护臀霜或鞣酸软膏。如果大便很少，只用湿纸巾擦拭即可。

小便后处理：一般小便后不需每次清洗臀部，以避免破坏臀部表面的天然保护膜，使臀红尿布疹容易发生。月子期新生儿尽量使用纸尿裤，一般 2 ~ 3 小时更换纸尿裤一次。

2. 常规护理

换尿裤时可让臀部多晾一会，以保持干燥。

如用尿布一般选用透气性好的纯棉布或豆包布，每次换完尿布应按常规涂擦护臀霜或鞣酸软膏。

【达标标准】

新生儿无臀红尿布疹发生。

【注意事项】

如新生儿是女婴，洗臀部时应用水由前向后淋着洗，以免污水逆行进入尿道，引起感染。

涂擦护臀霜或鞣酸软膏时，应沿肛周放射状涂擦。

每次换完尿裤，涂擦护臀霜或鞣酸软膏，预防臀红尿布疹的发生。

选用纸尿裤时，选择透气性好的；如用尿布则应选用纯棉布或豆包布，用完后洗净、消毒后下次再用。

如发生轻度臀红，则应多在26～28℃的室温下暴露，2～3次/天，30分钟/次。每次暴露后涂擦鞣酸软膏。

【相关知识】

臀红是尿布疹的初期表现，如果臀部护理得当，就可以不发生臀红，即使发生了也可将其消灭在萌芽之中。

新生儿的臀部皮肤和其他部位一样娇嫩，无论是尿便的刺激、还是使用旧布改成的尿布的刺激，还是用洗衣粉泡洗的尿布上残存的洗衣粉的刺激，都有可能刺激臀部皮肤而致臀红尿布疹，应该引起注意。

三、脐部护理

主要分为两个环节：脐带未脱前的护理、脐带脱落后处理。

1. 脐带未脱前的护理

洗澡时的护理：洗澡时可于新生儿脐部盖一干毛巾，洗时尽量避免脐部淋水，应保持脐部干燥。

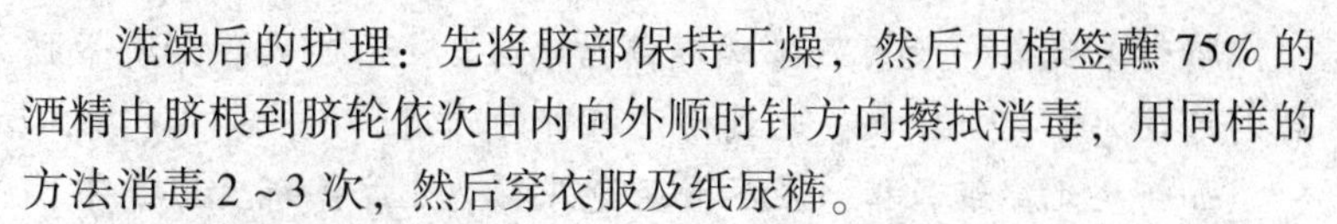

洗澡后的护理：先将脐部保持干燥，然后用棉签蘸75%的酒精由脐根到脐轮依次由内向外顺时针方向擦拭消毒，用同样的方法消毒2～3次，然后穿衣服及纸尿裤。

2. 脐带脱落后处理

洗澡时处理：如脐部仍有少量分泌物或仍稍湿时，则洗澡时仍应注意避免淋水，保持其干燥；如愈合良好并且干燥，则不需刻意避免淋水。

洗澡后护理：仍用酒精常规清洁消毒（方法同上）。

【达标标准】

脐部无红肿及脓性分泌物，脐带干燥，一般能于3～14天自然干燥脱落。

【注意事项】

保持脐带干燥，避免摩擦，适时消毒，保持清洁。

脐带未脱或刚脱但仍不干燥时，洗澡应尽量避免沾水，应保持脐部干燥。

用酒精棉签消毒时应由脐根到脐轮从内向外依次消毒，切忌无规律乱擦，以免污染其他部位，引起感染。

【工具与材料】

75%酒精、棉签、干毛巾。

【相关知识】

脐带脱落一般在3～14天，但因结扎手法不同也有20多天才脱落的，应注意观察新生儿脐部有无红肿、分泌物等现象发生，如有，则应加强护理，必要时就医。如脐部干燥，即使脐带脱落较晚也无大碍。

脐带未脱前一般用75%酒精清洁消毒2~3次/天，如脐带脱后则可改为1~2次/天，起到清洁脐部的作用。

如新生儿穿纸尿裤，应尽量避免尿裤边儿摩擦新生儿脐部。

第六节　新生儿五项行为训练

主要分为5个步骤：大动作能力训练、精细动作能力训练、言语发展训练、社会适应行为训练、感知觉训练。

1. 大动作训练

同新生儿抚触及被动操。

2. 精细动作训练

主要是手的灵活性的训练，可让新生儿多握成人的手指或自制小棉条、小玩具等，不定时放于新生儿手中抓握。（从新生儿手中取出抓物时，可轻触其手背，新生儿会自动放手）。

3. 言语训练

新生儿具备了笑和发音的能力，可在新生儿安静觉醒时，与其面对面，距离约20厘米，用轻柔、舒缓、清晰、高音调的声音对新生儿说话，具体内容可以是儿歌、诗词或安抚性的交流等。持续一会儿，可见新生儿肢体活动增加，出现微笑等愉快反应。

4. 社会适应行为训练

新生儿对脸谱性的图形及人脸有与生俱来的敏感和喜爱，可多给看脸谱型挂饰或与其面对面（距离约20厘米）交流，使其形成对自身以外的人的认识。

5. 感知觉训练

视觉：在婴儿床正上方20厘米处挂一些鲜艳的、色彩分明大一些的图片或玩具，以促进视觉能力发展。

听觉：可在新生儿安静觉醒、活动觉醒或睡眠时播放一些轻

柔、舒缓的音乐（以古典音乐为佳），也可以播放儿歌、诗词朗诵等。

触觉：同新生儿抚触及精细动作训练。

【达标标准】

做新生儿期末生长发育测评时，达到或超过正常水平。

【注意事项】

以上操作程序并不固定，即每次训练不必按1～5项逐一做完，应视新生儿情绪及生活规律，灵活操作。

以上操作程序为统一整体，可多项同时进行，如做抚触时，可同新生儿说话，播放音乐等。

新生儿室内不必过于安静，维持正常环境即可，但应避免噪音。

不要给新生儿过度的视听刺激，如播放音乐时间以每次20～40分钟，每天3～4次即可，不要不停地同新生儿说话，应留给新生儿独处的时间。

【工具与材料】

播放机、玩具、卡片等。

【相关知识】

适当的延迟满足，即让新生儿在清醒时先独处一会儿，再同其交流，新生儿会更积极的回应，获得更大的愉快感。

第四章　新生儿保健

第一节　新生儿的抚触

主要分为3个步骤：抚触前的准备、抚触、抚触后处理。

1. 抚触前的准备

选择一个柔软平坦的台子或床。

清洗双手，摘除手表、戒指等饰物，涂抹润肤油，双手对掌摩擦均匀。

2. 抚触

前额：将双手的大拇指放在新生儿双眉中心，其余的四指放在新生儿头的两侧，拇指从眉心向太阳穴的方向进行按摩。

下颌：双手的拇指放在新生儿下颌正中央，其余四指置于新生儿脸颊的双侧，双手拇指向外上方按摩至双耳下方。

头部：左右手交替动作，用手的前指肚部位从头部前发迹滑向后脑直至耳后。

胸部：双手放在新生儿胸前左右肋部，右手滑向左上侧，按摩至新生儿左肩部，此后换左手按摩至右肩部。

腹部：将右手放在新生儿腹部右下方，沿顺时针方向做圆弧形滑动，左手紧跟右手从右下腹部沿弧形按摩。

上肢：双手握住新生儿一只胳膊，沿上臂向手腕的方向边挤压边按摩，再滑到手掌、手指，做完一只手臂，换另一只手臂。

下肢：双手握住新生儿的一条腿，使腿抬起，沿大腿根部向

下滑动到脚踝，边挤压边按摩，再做脚掌、脚趾，做完一只腿，换腿。

背部：双手平行放在新生儿背部，沿脊柱两侧，用双手向外侧滑触，从上至下依次进行。

骶部：将右手手指放在背后新生儿骶部，呈螺旋形按摩。

臀部：双手掌放在背后新生儿臀部两侧，做弧形滑动。

3. 抚触后处理

穿好纸尿裤和衣服。

【达标标准】

抚触过程新生儿表情愉悦，无哭闹、吐奶发生。

【注意事项】

选择适当时候抚触，最好是在洗完澡后或睡前，饭后 1 小时以后是抚触好时机，可避免吐奶。

室温以 28℃ 左右为宜，做抚触时室内不要有对流风。

抚触不是按摩，只是触摸肌肤，所以，不要太用力（特别是抚触背部时，避免损伤脊柱）。

【工具与材料】

婴儿抚触油、洁净尿裤、大浴巾。

【相关知识】

每个动作重复四遍，抚触全部动作应在 10 分钟之内完成，每天做 1～2 次即可。

一旦新生儿哭闹，不愿意继续，应立即停止抚触。

如果新生儿患病，身体不适可暂停抚触。

抚触居室保持安静，光线自然，可与新生儿用语言交流或为新生儿播放优美的音乐。

第二节　新生儿被动操

主要分为 3 个步骤：做操前准备、做操步骤、做操后的处理。

1. 做操前准备

居室温度以 28℃左右为宜，室内不要有对流风。

剪短指甲并使之光滑，摘掉手上饰物，以免划伤新生儿。

洗净双手，保持双手温暖，脱掉新生儿多余衣服，只穿一贴身的内衣即可。

2. 做操步骤

扩胸运动：握住新生儿的双手，令双臂屈曲于胸前，双臂打开，平伸于身体两侧。

伸展运动：握住新生儿的双手，上举至头两侧，双臂慢慢放下至身体两侧。

屈腿运动：握住新生儿的双小腿，令双腿膝关节上抬，并屈曲成 90°，双腿慢慢伸直并拢。

抬腿运动：握住新生儿的双小腿，双腿伸直举至与身体呈 90°，双腿慢慢放下。

转手腕：一只手握住新生儿的前臂；另一手握住新生儿的手掌，沿顺时针慢慢转动掌心，再沿逆时针缓缓转动，然后换手。

转脚腕：一只手握住新生儿的一侧小腿；另一只手握住新生儿的脚心，沿逆时针缓缓转动，然后换另一只脚。

翻翻身：一手扶住新生儿腹部；另一手扶住新生儿肩背部，同时稍用力推肩，新生儿即可翻身呈俯卧状（锻炼颈部做抬头训练）30～60 秒，然后转身呈仰卧位。

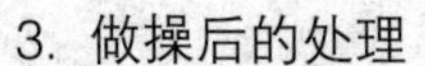

3. 做操后的处理

指导产妇在温暖的环境中替新生儿换上干净尿布，穿上做操时脱下的衣服。

【达标标准】

新生儿不哭闹，无吐奶发生，表情欢愉。

【注意事项】

避免在新生儿过饥或过饱的状态下进行，最佳时间应选择喂奶后1小时左右进行。

一旦新生儿哭闹，不愿意继续，应立即停止。

【工具与材料】

室温计、干净尿布1块。

【相关知识】

做操时，居室要保持安静，光线要柔和，还可以为新生儿播放一段优美的音乐。

做操时，手法一定要轻柔和缓，并始终微笑地注视着新生儿的眼睛，把爱传递给幼小的宝宝。

每个动作重复四遍，做操时间全过程不宜超过15分钟。每天做2次即可。

第三节　新生儿游泳

婴儿尤其是新生儿阶段游泳是指在专业护理人员或经过婴儿游泳培训的家长看护和“婴泳宝贝”（注：婴儿游泳专用保护圈）的保护下，让婴儿在水中进行泳疗健身的一项人之初健康保健活动。

一、婴儿游泳的益处

婴儿游泳是一种全新的婴儿健康保健新概念，对于0～1岁婴儿的家庭而言，投入不大，获益较多。健康婴儿天生就不怕水，婴儿出生后不久就可以在温水中玩耍，他们把这种嬉戏当做在母亲子宫内羊水中生活的继续，由于是在自己熟悉的环境中活动，所以他们一点也不害怕。婴儿时期是一生中生长发育最旺盛的时期，利用这黄金时期开展游泳活动，对身心发育是大有好处的。

婴儿游泳能促进神经系统发育，宝宝会更聪明。皮肤覆盖全身，对水的刺激最为敏感，外界的刺激越频繁、越强烈，脑神经细胞发育的速度越快。同时，游泳这一复杂动作是在大脑支配下完成的，在水里调适各种身体器官，水中全身性的运动可以促进大脑对外界环境的反应能力。

婴儿经常游泳可使心肌发达，新陈代谢旺盛，心跳比同龄婴儿慢且有力，这就为承担更大的体力负荷准备了条件。

游泳是全身性运动，新生儿在水中自由活动四肢，有利于骨骼系统的灵活性和身体的柔韧性，使肌肉更强健。

婴儿经常游泳，呼吸系统的功能也得到了提高，水对胸廓的压力使新生儿的肺活量增加，对胸廓的发育有良好的作用。

婴儿游泳能促进肠蠕动及消化吸收，促进胎便早排出，减少黄疸的形成；促进婴儿正常睡眠节律的建立，减少不良睡眠习惯的形成。

另外，经常游泳还可以提高婴儿的耐寒和抗病能力。

二、新生儿、婴儿游泳对水的要求

（一）水温要求

1. 新生儿、婴儿游泳的水温要求

由于新生儿、婴儿的体温调节中枢还未成熟，其产热和散热

功能均比年长儿差，所以新生儿、婴儿对温度非常敏感。水温过低时易受凉，过高时又易因出汗过多导致脱水。水温在练习开始时（夏天）控制在38℃，随着练习时间的增加，慢慢冷却至与正常体温相似的水温，即36~37℃，当水温继续冷却时，婴儿也逐渐适应了越来越低的水温，婴儿身体的保护机制也得到了锻炼。随着月龄的增长，到3个月以上时，婴儿游泳的水温可降低至35~37℃。另外，从新生儿、小婴儿智力开发的角度来讲，新生儿的促智训练，关键是除了建立亲子依恋关系，减轻不安消极情绪和制定好婴儿作息时间表外，重要的一个步骤就是刺激婴儿的感官，延长其意识清醒的时间。一旦婴儿意识清醒，安静的时间延长后，就会关心周围的环境，就会学习更多的东西。38~40℃的热水浴，可通过加快皮肤的血液循环和刺激感官，延长新生儿的意识清醒时间。

2. 不同年龄段婴幼儿游泳的理想水温

根据婴幼儿发育的年龄特点，不同年龄段对游泳训练场地和技巧要求也不同。婴幼儿游泳时体力支出强度不同，耐受水温的程度也不同。具体水温要求如下。

年龄	水温（℃）
3个月以内	38~40
3~6个月	37~39
6~9个月	36~38
9个月至1岁	35~37
1~2岁	34~36

注意：9个月以上初学游泳的婴儿入水温度均要达到37~38℃。完成最初的训练后逐渐降低水温如上表所示。

对于足月的新生儿来说。体温调节中枢功能尚不完善，皮下脂肪薄，容易散热。寒冷时主要靠棕色脂肪代偿产热。另外，出生后环境温度显著低于宫内温度，散热增加，如果不及时保温，新生儿易发生低体温、低血糖和代谢性酸中毒等；如果环境温度高，进水少，散热不足，也可使体表温度增高，发生脱水热。因此，适宜的环境温度（中性温度）对新生儿至关重要。所谓中性温度就是机体代谢，氧及能量消耗最低并能维持正常体温的环境温度。足月儿包被内的中性温度为24℃，生后2天内的新生儿裸体的中性温度为35℃，以后逐渐降低。

对于早产儿来说，其体温调节中枢功能更不完善。如果环境温度低。更易发生低体温问题。早产儿因汗腺发育差，如果环境温度高，体温也易升高。出生极低体重儿（出生体重小于1 500克），生后1个月内其中性温度为32～34℃，出生低体重儿或早产儿，其出生体重越低或月龄越小，则中性温度越高。

基于以上理论，将新生儿至3个月以内婴儿游泳的水温定在38～40℃。随着年龄的增长。婴幼儿对于水温和环境温度的适应能力逐渐增强。为了锻炼婴幼儿体魄和增加抗病能力及增强免疫功能，应逐渐将游泳的水温下降至不感温度。但对1～3岁的婴幼儿仍要慎重，最好在医师的指导下进行水温调整。

（二）游泳用水的水质要求

新生儿游泳用水一般采用自来水，所以，可按照饮用水质标准来检测水质的各项指标。

（三）游泳的水深要求

新生儿、婴儿最初游泳训练中，泳池的水深应该为30～40厘米，游泳池内的水位应达到游泳池2/3以上。根据中国新生儿出生平均身长为50厘米以上，参照以上两个指标，可将游泳缸的高度定为56厘米。

三、新生儿游泳训练操作程序

新生儿游泳训练操作可按以下程序进行。

步骤1：每次游泳前常规检查泳缸、颈圈是否有漏气现象，

充气度是否合适，以确保安全。

步骤 2：给新生儿脱衣服。婴儿躯体裸露后，脐部常规粘腹贴，并做好游泳前的准备（按摩）。

步骤 3：将颈圈套在婴儿的脖子上，仔细检查婴儿的双耳和下颏是否露于颈圈上，纽带是否已扣紧。

步骤 4：用水温表测量水温，出生 3 个月以内的小婴儿，夏季水温调至 38 ~ 39℃；冬季调至 39 ~ 40℃。

步骤 5：将婴儿放入泳缸内，让婴儿自行游动 10 分钟左右，注意观察其面色及全身皮肤颜色的变化，严格进行一（护理员）对一（婴儿）全程监护。

步骤 6：新生儿游泳完毕即用浴巾将其全身擦干，注意头面部尤其眼、耳、鼻等处的护理，脐部进行常规络合碘、乙醇消毒。

四、婴儿游泳训练问题处理

1. 在家庭中开展游泳训练应注意哪些事项

有些家庭想在家中对婴儿进行游泳训练。对此，月嫂应做好以下事项。

（1）建议婴儿父母或其他看护人参加由正规母婴服务机构组织的培训班，掌握一些新生儿游泳的基本技巧，了解新生儿、婴儿游泳万一发生的意外情况及其处理方法。

（2）建议该家庭购买专为新生儿、婴儿游泳设计的柔软 PVC 材质的浴缸。因为，普通浴缸容积太大，不易控制水温；普通浴缸高度不够，水不能达到所需的深度；普通浴缸一般由硬质的陶瓷或玻璃钢制成，容易伤害新生儿的皮肤。

（3）训练过程中一定要控制浴室的温度和水温。

（4）注意保持浴具的干净并严格消毒。

2. 怎样确定婴儿游泳训练的持续时间

婴儿游泳训练时间的长短取决于其每次游泳时的状态、本身具备的体力素质以及月龄大小 3 个因素。不要强行延长游泳训练时间，一般而言，新生儿、小婴儿在游泳训练的初期最好只持续 7 分钟左右，以后每次增加 10 ~ 15 秒，逐渐增加到 10 分钟。出生 3 个月以内的小婴儿每次游泳的时间最长不要超过 15 分钟。到一岁时，可将游泳时间增加到 30 ~ 40 分钟。一旦婴儿出现疲劳，如过度兴奋或者打盹、哭闹，要立即停止训练，尽快将婴儿抱出浴缸。

3. 婴儿游泳时在水中哭闹怎么办

0 ~ 3 个月的新生儿、小婴儿十分愿意游泳，在水中，婴儿或用力蹬水，或安静地休息，0 ~ 3 个月的小婴儿，在下水前，套婴儿训练专用游泳圈时，有些会哭闹，一旦下水，正在啼哭的婴儿绝大部分在 5 秒内就能停止哭闹。如果让婴儿听音乐，做些入水前的准备活动，一般不啼哭，即使啼哭，下水后也能立即停止。在游泳训练初期阶段婴儿的哭闹，主要是因为对陌生的水温，水波刺激以及在水中的四肢运动感和在水中失重的感觉不适所致。只要让婴儿进行正式练习前有一个熟悉水温、水中感觉的准备期，让婴儿在水中，逐渐记忆起子宫内的羊水环境，适应水中感觉后，婴儿脸上就会露出安宁、陶醉的表情。也可以尝试用橡皮奶嘴或水中漂浮的充气小玩具之类的东西吸引婴儿的注意力。如果已经做好了以上应注意的事项，婴儿仍然哭闹，则应立即将其抱出水面，进行语言和动作安抚，其次要寻找婴儿啼哭的原因。一般而言，婴儿在游泳时啼哭可能是如下原因所致。

（1）水温与室温相差太大（一般要求室温比水温低 10℃）。

（2）水太热或太冷，造成了婴儿对强烈刺激的不适。

（3）婴儿太爱水（一般婴儿都十分喜欢玩水）而过度兴奋，造成肌肉痉挛。

(4) 胎儿在母亲子宫内时因母亲孕期饮食不良所造成的维生素 D 缺乏，新生儿就患有先天佝偻病，一进入水中肌肉就痉挛，造成不适。

(5) 婴儿本身从气质上分属难养型的，对于外界环境的刺激反应过度。

(6) 游泳训练时，婴儿月龄已超过 3 个月，先天性的游泳反应已消失，对水有恐惧心理。

(7) 婴儿有潜在的先天性心肺疾病未详细检查出来，一旦入温水，就增加了心脏泵血和肺呼吸的负担，导致患儿过度的心跳、呼吸频率加快，造成婴儿不适而啼哭。

以上 7 种游泳训练时的婴儿啼哭很罕见。一旦明确哭因，要根据原因分别处理。对于 3 个月以上的婴儿尤其是 6 个月以上的婴儿，要有耐心，在婴儿进行正式练习前应有一个较长的准备期，首先克服婴儿怕水的恐惧心理，让其熟悉水中运动的感觉和适应游泳时自身的生理变化。

4. 怎样调动婴儿游泳时愉悦的情绪

婴儿游泳水疗室的整体策划应根据婴儿发展心理学的理论，进行整体环境的美化和色彩的设计。如果家长想让婴儿在自家的浴缸内进行游泳训练，一定要注意整体环境的美化。墙面可粉刷柔和而鲜艳的色彩；挂上阅读识字卡、精选的图画；可播放精选的古典音乐；在浴缸内可放上 3～4 个带音响的漂亮玩具，玩具的数量可依照浴缸的大小而定。训练中再加上一些亲子互动游戏，这些都可以调动婴儿愉悦的情绪，对促进婴儿心理发育十分有益。

5. 怎样安排婴儿游泳前的按摩和游泳操

在婴儿游泳前进行轻柔的按摩以及做训练手脚“仰泳”和“爬泳”等动作的专门游泳操，除了可调节婴儿的情绪，使婴儿形成条件反射的肢体动作，做好预备下水的心理准备外，对于婴儿随着月龄的增长而逐渐掌握水中的要领也很有帮助。但对于体质弱或疾病恢复期的婴儿要遵循控制运动量的原则，按摩、游泳操和游泳训练不要集中进行，可在做操后休息1～2小时，再训练游泳，等到身体强健后，按摩、体操、游泳方可连续进行。

6. 冬季和初春能否继续让婴儿进行游泳训练

在全国统一标准的新生儿、婴儿游泳室里，室温控制在恒温28℃左右，水温要求在38～40℃，游泳基本不受寒冷的影响，家长无须担心因游泳而导致婴儿受寒感冒。冬季、初春出生的新生儿，由于厚实的裹包使其肢体活动更加少，从新生儿、婴儿智力开发的角度看，冬季、初春出生的新生儿更需要通过游泳锻炼四肢，促进脑部中枢神经系统的发育，增强体质和肌体的抗寒能力。但要注意入水前的温度适应、四肢活动及泳后的保温，避免穿堂风或短时间内的忽冷忽热，以免造成对新生儿和小婴儿的过度刺激。

7. 怎样处理婴儿的游泳姿势

根据分析和统计，2个月以前的婴儿最喜欢的游泳姿势之一是仰泳：仰躺在水中不运动，也不哭不闹，表情很舒适安详，如果这时将其抱出水面还可能因不情愿而哭闹。其二是踩水：双脚无节奏地踩水，双手握拳，双上肢稍内旋划水，双下肢运动的频率明显高于双上肢，有的宝宝可能在内径90厘米的游泳池里来回不停划动，抱出水面时也会不情愿地哭闹。

2～3个月的小婴儿开始喜欢改为前胸朝下俯游，双上肢的活动明显增多，双脚蹬水也显得更有节奏感。一般来说，新生儿至11个月的婴儿大多数在大部分时间都喜欢仰泳。

对于婴儿的游泳姿势，在训练时要顺其自然，不必强加改变。

8. 婴儿游泳时静仰在水中不动怎么办

如果刚下水婴儿就安静地仰躺在水中，不哭也不闹，则可以

和婴儿说话，鼓励婴儿开始游泳，同时，可在水中按摩婴儿的脚心和手心，刺激使其四肢动起来。如果婴儿下水游了一段时间后变得安静地仰躺着，那是疲倦的表现，要将婴儿抱出水面，结束游泳训练。

9. 怎样调整婴儿白天游泳后的睡觉

游泳后就睡觉的婴儿一般特别喜欢游泳，因动作量大而很疲倦，所以游泳后立即入睡。月嫂可以做好以下工作。

（1）将婴儿游泳的时间安排在婴儿睡觉前，游完泳就使其进入正常的睡眠。

（2）满足了白天常规睡眠时间后，将婴儿唤醒，玩亲子游泳。

（3）培养婴儿有规律作息的好习惯。

（4）婴儿如果游泳后每天夜吵，要去看医生，检查是否有佝偻病等异常情况。一般而言，游泳运动本身有改善婴儿夜间睡眠的作用。

10. 游泳训练结束后怎样给婴儿补水

婴儿游泳结束后应喂些糖盐水，具体为每千克体重 2 毫升 5% 的葡萄糖生理盐水，或在 50 毫升开水里放半勺糖制成糖水。

11. 入水游泳的新生婴儿皮肤变得很潮红怎么办

新生儿游泳的水温是 38 ~ 40℃，属水疗中的温水浴。温水浴对皮肤器官的作用就是使血管扩张。皮肤毛细血管充盈。血液由内脏输至体表，导致皮肤潮红，这是一种正常温水浴反应，不必担心。

五、游泳安全措施

新生儿游泳活动要选择在新生儿轻松、安静的觉醒状态时进行。

1. 防止过度兴奋

要防止入水过度兴奋，出现自主神经性反应，如皮肤发青、发紫，起鸡皮疙瘩，甚至发生一过性短暂的休克。如果出现这种情况应立即停止刺激——中止游泳，将新生儿抱出水面，平放，保温，注意观察。

观察呼吸、脉搏及皮肤颜色。一般不需特殊处理，严重时在医生的指导下鼻饲给氧和对症治疗。

2. 预防脐部发炎

新生儿的脐带残留部分是一个创面，易积水污、不易干燥，利于细菌繁殖而发生脐炎，表现为脐部流水或脓性分泌物，脐周红肿，严重的可伴发热，精神弱，吃奶差。预防和处理：游泳前用3L医用胶贴将脐带残端遮盖，防止脐带残端积水，游泳后弃去。

游泳训练完后，最重要的是保持脐部清洁干燥，将脐带残端暴露在空气中，用75%的乙醇擦净残端，续擦2%的龙胆紫或络合碘预防即可，切勿用消毒粉或将未经消毒的中草药撒在脐部。

3. 呛水的防范

正确使用游泳颈圈，仔细检查是否将婴儿的双耳和下颏脱出水面，颈圈的纽带是否已扣紧，防止在水中婴儿用力时，扣带松开，婴儿坠入水中呛水。

如果出现婴儿游泳颈圈的扣带松开，要尽快将婴儿抱出水面，使婴儿脚高头低位，分别轻拍背部，尽量让口中或双耳中的积水排出，并擦干身体。

第五章　新生儿疾病的预防和护理

第一节　新生儿疾病常见症状

新生儿疾病初起症状常不典型，且变化快，稍有疏忽，即可能造成严重后果，应严密观察。因此，月嫂应该对新生儿常见症状有所了解。

一、哭

哭是新生儿寻求帮助的唯一方式。新生儿哭时一般不流泪，通常无法根据哭声来识别他需要什么。正常新生儿的哭，常是因为饥饿、口渴、尿布湿了、环境温度过低或过高引起的。

哭也可以是新生儿有病的一种征兆：当新生儿两眼发呆，哭声是突然、短促而不婉转的尖声高音调时，常是脑部有病的迹象。当触及新生儿某一部位哭声加剧时，应仔细检查该部位有无异常。例如，新生儿皮下坏主要累及背部和骶尾部，抱起和换尿布时，哭声往往加剧。新生儿哭声无力或哭不出声，则提示病情较严重。

二、呻吟

如果新生儿因呼吸道或心脏疾患，导致肺功能明显紊乱，或因脑部有疾患，呼气时有哼哼的呻吟声，这是病情严重的表现。持续呻吟要比间断呻吟病情更重，应迅速送往医院诊治。

三、呕吐

呕吐是指乳汁自胃经口吐出时，有较大的冲力，常伴有腹部肌肉的强烈收缩。而溇奶（吐奶）是指乳汁自食管或胃经口溢出，一般冲力不大，并不伴有腹部肌肉的强烈收缩。不论呕吐还是溇奶，既可能是喂养方法不当，或食物摄入量过多引起的，也可能是胃肠道功能紊乱，或先天性肠闭锁、食管闭锁等疾病造成的。

一般来说，只要新生儿食欲好，日见长胖，有大便，就正常。但要注意喂养方法，喂奶时可取右侧卧位，防止吐出物吸入呼吸道。如果呕吐或溇奶伴有下列表现时，应引起重视，须请医生检查。

四、黄疸

新生儿在出生后 2 ~ 3 天出现轻微黄疸，4 ~ 6 天最明显，7 ~ 14 天自然消退，称为“新生儿黄疸”，这是生理现象。但是，由于新生儿生理的特点，很多疾病能引起或加重黄疸。因此，当出现黄疸时，要区分是生理性的还是病理性的。

如果黄疸具备下列情况之一时，可能是病理性的。

（1）在出生后 24 小时内黄疸即相当明显。

（2）黄疸遍及全身，呈橙黄色，并在短期内明显加深。

（3）黄疸一度减退后又加深，或出生后 2 ~ 3 周仍很明显。

（4）大便颜色淡或呈白色，而尿色深黄。

（5）全身状况不正常：发热、食欲不佳、精神不好、两眼发呆。

五、呼吸异常

新生儿正常呼吸时不费力，每分钟 40 次左右。若呼吸稍有

些快慢不匀、时深时浅，但不伴有皮肤青紫或心跳减慢等现象，则属正常。呼吸异常是指呼吸窘迫和呼吸暂停。

1. 呼吸窘迫

呼吸很费力，吸气时胸廓的软组织及上腹部凹陷。呼气时发出哼哼的呻吟声，呼吸时两侧鼻翼扇动，呼吸速率明显增快（每分钟60次以上）或减慢（每分钟30次以下），常伴有皮肤青紫。

2. 呼吸暂停

呼吸暂停是指病儿的呼吸停顿15秒以上，并且伴有面色青灰、心跳减慢。早产儿发生率较高。

六、腹泻

母乳喂养的新生儿，每天大便可多达4~6次，正常状况下，大便呈厚糊状，有时稍带绿色。

腹泻是指大便稀薄，水分多，呈蛋花汤样或为绿色稀便。严重者水分很多而粪质很少。

引起腹泻的原因很多：病毒或细菌感染、喂奶量过多或乳品中含糖量过多、受凉等均可引起腹泻。也有少数新生儿是因为对牛奶过敏，或肠道缺少消化、吸收乳糖的酶所致。食量过少时，大便次数也可增多，称为“饥饿性腹泻”。这时大便较松色绿、次数虽多但量少，应与其他腹泻相区别。

七、皮肤青紫

新生儿刚出生时，由于生活环境骤然改变，心肺功能需要调整，皮肤有些青紫，但在出生20分钟以后应逐渐消失。如不消失，则可能是病态。

引起新生儿皮肤青紫的原因很多：单纯青紫多为青紫型先天性心脏病，阵阵发青则是由于中枢神经系统疾病或严重感染所致。另外，环境温度低时，新生儿会发生唇部及四肢末端青紫，经保暖可随之消失。有的新生儿在子宫内受压，局部淤血，出生后受压面会有紫色斑，称“损伤性出血”，出生后可逐渐消失。

八、发热或体温不升

新生儿发热指超过37.5℃，体温不升指低于35.5℃（称体温不升），常表示有严重的病原体感染疾病。各种病原体引起的感染性疾病，包括肺炎、脐炎、败血症、化脓性脑膜炎以及各种病毒感染性疾病等。

但是要注意，不是新生儿感染都会有发热，有些严重感染的新生儿并不表现发热而是低体温。新生儿体温升高也可由新生儿代谢率升高引起，如骨骼肌强直和癫痫持续状态。先天性外胚叶发育不良的患儿，因汗腺缺乏，散热障碍，可引起发热。新生儿颅内出血可引起中枢性发热。母亲分娩时接受硬膜外麻醉也可引起母亲和新生儿发热。

第二节　常见疾病的预防和护理

一、湿疹的预防和护理

1. 3个避免

（1）避免接触化纤衣物等容易引起过敏的物品。新生儿的衣物一定要选择纯棉制品，柔软、舒适、没有刺激性，以避免因为对上述物品过敏而引起湿疹。

（2）避免环境过热。周围环境过热可能造成新生儿出汗，汗液的刺激以及温度高的环境易发生湿疹，也可使已发生的湿疹加重。

（3）避免环境过湿。周围环境过湿可能造成新生儿湿疹发生或者加重。

2. 饮食注意事项

（1）由于湿疹发病多见于人工喂养的新生儿，牛奶中含有的异性蛋白可以造成新生儿过敏，导致湿疹的发生，因此，一定要宣传和努力促成母乳喂养成功。

（2）应该指导哺乳产妇不要进食刺激性食物，以避免刺激物通过乳汁进入新生儿体内，由此增加湿疹发生的概率。

3. 洗浴注意事项

（1）已患有湿疹的新生儿，特别是渗出较多的湿疹时，不要过多清洗患部。洗浴用水应该以温水为宜。不要用过热的水洗浴。

（2）给患有湿疹的新生儿洗浴时，不要使用肥皂，避免刺激湿疹的加重。

4. 预防感染

由于湿疹发生后，局部发痒用手搔抓，容易造成感染，因此，要及时给新生儿剪指甲，以免抓破皮肤造成感染。

【达标标准】

（1）促成母乳喂养，减少湿疹的发生率。

（2）对已发生湿疹的新生儿，确保局部不发生感染。

【注意事项】

对于患湿疹的新生儿不要乱用药物涂擦，特别是含有激素的药膏，以免产生不良反应。

【工具与材料】

纯棉质的新生儿衣物。

【相关知识】

（1）湿疹临床表现：出生不久的新生儿面部头皮等部位出现一些皮疹，部分孩子患部有渗出或者脱屑，严重者会发展成疱疹，破溃结痂。

（2）湿疹病因：湿疹是一种过敏性皮肤疾病，与新生儿先天的体质有关。多见于喝牛奶的孩子。

（3）湿疹的治疗：可使用医院配制的湿疹膏等。

（4）湿疹的特点：湿疹的病程较长，有时轻、有时重，容易复发。

二、鹅口疮的预防和护理

1. 注意观察口腔

（1）鹅口疮发生在新生儿的口腔内，呈白色凝乳状附在口腔黏膜上。因此需要经常观察新生儿口腔，特别是要将鹅口疮与新生儿吃奶后残留的奶液区分开来。

（2）区分特点是：新生儿口腔中残留奶液一经喝水就漱清了，不再看到白色凝乳状物。而鹅口疮喝水后仍可见白色凝乳状物，而且用棉签擦拭后仍可见露出的粗糙潮红的黏膜。

2. 母乳喂养前清洗乳头

由于母乳喂养时，新生儿需要含接母亲的乳头，如果母亲的乳头不清洁，就有可能使新生儿口腔受到感染。因此，母乳喂养前一定要清洗乳头。

3. 人工喂养需要清洁消毒奶具

（1）喂养新生儿的奶具使用后，一定要清洗干净，不要留有残留物，以避免滋生细菌，污染奶具，进而感染到新生儿的口腔，造成鹅口疮。

（2）每次给新生儿喂奶后，都要煮沸消毒奶具，或者使用

奶具消毒锅进行消毒。

【达标标准】

新生儿喂奶期间，不发生鹅口疮。

【注意事项】

当看到新生儿口腔内有白色凝乳状物，要区分白色凝乳状物是奶液残留还是鹅口疮。不要错过对鹅口疮的诊断。

【相关知识】

1. 鹅口疮临床表现

(1) 新生儿中的常见病，表现为口腔颊部、唇内、舌、上腭和咽部黏膜上黏附着乳白色斑点，严重时融合成片，擦去后则露出粗糙的潮红的黏膜。鹅口疮多见于营养不良或腹泻的新生儿。

(2) 病菌来自母亲产道或污染的奶具，或是由于某种疾病长期服用抗生素，多见于营养不良或腹泻的新生儿。一般无全身症状，如感染向下蔓延，会引起食管炎，可出现呕吐，严重的会影响食欲。抵抗力差时可蔓延到胃肠，引起真菌性腹泻，严重者可发生肠道溃疡及穿孔；向下呼吸道蔓延可引起真菌性肺炎。这些情况虽较少见，但需提高警惕。

2. 鹅口疮的病因

鹅口疮是由白色念珠菌感染引起的疾病。

3. 鹅口疮的治疗

治疗可用制霉菌素研成粉末与鱼肝油滴剂或水调匀，用棉棒涂擦在口腔内所有的黏膜上，在喂奶后使用，以免吃奶将药物冲掉，每4小时用药1次，每天3~4次，直到白色斑点消失后再用1~2天。同时，每次喂奶后用煮沸消毒奶具，母亲喂奶前要清洗乳头，防止重复感染。

三、消化不良的预防和护理

1. 新生儿消化不良的预防

(1) 母乳喂养消化不良的发生率很低，因此，应该促成母乳喂养的成功，以减少消化不良的发生。

(2) 人工喂养应注意喂养方法，奶量不宜增加太多，或者突然由母乳喂养改为人工喂养。

(3) 如新生儿是人工喂养，则一定注意奶具在使用后要清洗干净，避免新生儿因奶具不洁而发生消化不良。

(4) 每次给新生儿喂奶后，都要煮沸消毒奶具，或者使用奶具消毒锅进行消毒。

2. 如何判断是否发生消化不良

(1) 在正常状态下，母乳喂养的新生儿大便一般每天2～6次，金黄色糊状或比较稀薄。人工喂养的新生儿大便颜色为浅黄色成形，每天1～2次。新生儿一般状态良好，体重增长。

(2) 如果新生儿便次增多，而且大便呈稀水状，混有奶瓣，且状态不好，哭闹增加，体重不增，就要考虑是否发生了消化不良。

(3) 判断指标是：一看大便性状；二看大便次数；三看新生儿状态；四看新生儿体重增长情况。

3. 发生消化不良的护理

(1) 及时调整奶量。一般消化不良都可以通过调整奶量及哺喂方式等方法缓解。在一两天内减少每次喂奶量，或者把奶调稀，以减轻胃肠道负担。但是时间不要太长，以免引起新生儿营养不良。

(2) 劝告产妇尽量母乳喂养。建议将混合喂养暂时改为单独母乳喂养，以减少人工喂养中某些配方奶引起的消化不良。

【达标标准】

新生儿喂奶期间，没有发生消化不良。

【注意事项】

不要把大便性状稍有改变都当做消化不良，不宜对消化不良滥用药物，一般消化不良都可以通过调整奶量、哺喂方式等方法处理。

【工具与材料】

奶具消毒锅、清洁奶瓶刷、奶瓶、奶嘴等。

【相关知识】

1. 消化不良的临床表现

新生儿大便次数增多，变稀或呈水样便，或者大便中含有奶瓣。

2. 消化不良的病因

(1) 由于新生儿胃肠道发育不够成熟，消化能力差，免疫功能低，与此同时，新生儿生长发育迅速，食量增加快，营养需求高，胃肠道负担很重，因此，容易发生消化不良。

(2) 新生儿喂养不当容易发生消化不良，如人工喂养中，奶量增加太多或者突然从母乳喂养改为人工喂养，外环境过热、过冷都可能引起肠道功能紊乱而致消化不良。

(3) 对牛奶过敏所致。

3. 消化不良的防治

根本措施是预防。提倡并促成母乳喂养，母乳易于吸收，不易造成消化不良。

减少奶量或调稀配方奶，以减轻消化道负担。但不宜长时间稀释奶，以免发生营养不良。

四、脐炎的预防和护理

1. 脐带脱落前的护理

脐带结扎后的脐带残端，一般需要经过3～7天才能脱落，因此，在此阶段应该保持脐带部位的干燥和清洁。避免沾染尿液或者洗澡水弄湿脐部。

2. 脐带脱落前的处理

（1）每天使用蘸有75%酒精的消毒棉棒清洁脐部，此时脐带尚未脱落，时而渗出水分或血液，需清洁干净。

（2）清洁脐部的方法是：每天洗澡后擦干身体，包括脐周，一手将脐带轻轻提起，一手用消毒酒精棉棒从脐带根部从内向外呈螺旋状向四周擦拭。

3. 脐带脱落后的处理

（1）脐带脱落后脐带根部仍可以有少量黏性分泌物，或者局部有些湿润。可用75%酒精消毒棉棒继续清洁脐部。

（2）清洁脐部的方法同前，清洁后应该使局部晾干。

（3）特别注意清洁已经呈干痂状的脐带底部，防止该部位存有脓性分泌物，未擦干净可能引起感染。

（4）脐带结痂快脱落的时候，有时会发生出血，血色鲜，此时清洁脐部后，要用干燥的消毒棉签擦干，次日如果脐部没有分泌物，可以不必用碘伏棉签去擦拭，因为那样往往造成刚刚结痂的伤口再次出血。

【达标标准】

在无其他感染因素的条件下，不发生脐炎。

【注意事项】

(1) 在做脐部护理时，使用酒精消毒棉棒擦拭时，要从内向外擦，不要从外向内擦，以避免将皮肤上的细菌带入脐带根部。

(2) 脐部护理的关键之一是保持脐部的干燥，洗澡时要防止洗澡水沾湿局部，新生儿尿时防止尿液沾染局部，特别是男孩子，要注意防止尿到肚脐上。

(3) 如果发现脐带根部有脓性分泌物，有臭味或者脐带周围皮肤红肿，说明脐带有感染，应该及时提醒产妇带宝宝到医院就诊。

(4) 使用纸尿裤应该注意边缘不要盖在脐带上，以免弄湿脐带。

(5) 脐部处理不宜使用消毒药粉，不宜使用龙胆紫。

(6) 脐带脱落后，在脐轮有时可见一粉红色圆形小肉芽。如果肉芽肿发，应尽快到医院就诊。

【工具与材料】

75%酒精、消毒棉棒、清洁的干毛巾。

【相关知识】

1. 脐炎的临床表现

脐带周围皮肤红肿或者发硬，脓性分泌物增多，伴有臭味。轻者新生儿可以没有全身症状，重者新生儿可以伴有发烧、食欲不佳、精神状态不好等症状。

2. 脐炎的病因

(1) 脐带是胎儿的生命线，当新生儿出生以后，切断了脐带，其根部为新鲜伤口，脐带内的血管没有完全闭合，护理不当病菌即可乘虚而入，引起脐炎，如未能及时治疗，还可能发展严重以致病菌进入血液引起败血症，甚至危及生命。

（2）结扎后的脐带残端，一般3～7天脱落，有的需要10余天才能干燥脱落。

3. 脐炎的治疗

（1）根本措施是预防。脐带脱落前做好护理。

（2）一旦发生了脐炎的症状，应该及时到医院就诊。

五、呼吸道感染的预防和护理

1. 新生儿呼吸道感染的预防

预防新生儿呼吸道感染应该从分娩前开始，孕妇要避免呼吸道感染。孩子出生后应该注意卧室的通风换气，新生儿和产妇的房间不宜过多的人进入，特别是患有呼吸道感染的人要注意与新生儿和产妇的隔离。

2. 新生儿呼吸道感染及早发现

新生儿呼吸道感染主要表现为吃奶不好，精神不好。较重的表现为呼吸急促，口周发青。如有这些症状时应该及时提醒产妇带孩子到医院就诊。

3. 新生儿呼吸道感染的家庭护理

很轻的呼吸道感染仅仅表现在轻微的流涕、鼻塞。新生儿其他状况良好，食欲好。此时，可以正常哺乳，但是注意新生儿在鼻塞的情况下容易发生呛奶，因此，要在喂奶前注意清理鼻道的分泌物，喂奶也应该掌握少食多餐的原则。

【达标标准】

减少和避免新生儿呼吸道感染的发生，一旦发生应能及早发现。

【注意事项】

新生儿呼吸道感染，以及严重时新生儿肺炎的临床表现大多不典型，不像大孩子呼吸道感染时表现出来典型的较重咳嗽和发烧，而是低烧或者不烧，甚至体温低于正常。因此，应对呼吸道感染的不典型症状有所了解，以免贻误病情。

【工具与材料】

擦拭鼻腔分泌物的干净小毛巾

【相关知识】

1. 新生儿呼吸道感染以及严重时新生儿肺炎的临床表现

体温正常或者不升，哭闹烦躁或者反应淡漠，吃奶不好，容易呛奶，口周发青，口吐白沫，呼吸浅速或者不规则。

2. 新生儿呼吸道感染的病因

病因可分两种：其一为生后不久发病，大多是宫内感染或产道感染。其二为生后一周以上或更后发病，大多是生后于呼吸道感染的人接触传染所致。

3. 新生儿呼吸道感染的预防

(1) 妊娠期应该避免呼吸道感染。

(2) 新生儿时期注意室内温度保持不冷不热，注意通风换气，避免对流风。

(3) 凡是患有呼吸道感染的病人不要接触新生儿和产妇。

六、脓疱疮的预防和护理

1. 脓疱疮及早发现

在给新生儿洗澡的时候，注意孩子的颈部皱褶处、腋下、大腿根部皱褶处、腹部等部位。初期为小米粒大小的疱疹，内有黄色液体。如果不注意处理，发展很快，疱疹增大呈黄豆大小，疱疹破溃流出黄水，可以发生更多的感染，更多的脓疱疮。因此，洗澡时应该注意观察新生儿的皮肤，特别是上述皮肤皱褶处，以便早发现早处理。

2. 脓疱疮的护理

每天洗澡后用75%酒精消毒棉棒把脓疱擦破，再换用干净消毒棉棒擦净局部。天热时节由于汗液容易污染皮肤，增加感染机会，因此可以每天数次洗澡，每一次都如上述方法处理脓疱。

3. 脓疱疮的预防

（1）防止交叉传染，应该特别预防产院新生儿室内发生脓疱疮的交叉感染。

（2）防止自身感染，处理脓疱时要注意污染的棉棒不要乱丢，孩子的贴身衣服勤换洗，而且要煮沸消毒，以免二次感染。

【达标标准】

（1）不发生脓疱疮。

（2）对于已经被传染脓疱疮会正确处理局部。

【注意事项】

（1）由于脓疱疮内的脓液流出后很容易传染到其他部位，因此在处理脓疱疮时应该特别注意二次感染的问题。

（2）新生儿脓疱疮感染速度较快，如果不能制止其蔓延，即可造成细菌入血引起败血症，甚至危及生命，因此，一旦不能控制其蔓延，应该及时提醒产妇带孩子到医院就诊。

【工具与材料】

75%酒精、消毒棉棒。

【相关知识】

1. 新生儿脓疱疮的病因。

新生儿皮肤娇嫩，抵御细菌的能力弱，特别是皮肤皱褶处，容易破损以致细菌侵入，而发生脓疱疮。

2. 新生儿脓疱疮的预防。

预防方法：保证天天洗澡，保持皮肤清洁，贴身内衣勤换，注意细心观察，做到早发现早处理。

七、尿布疹的预防和护理

1. 尿布疹产生的原因

尿布疹俗称“红臀”，主要是因为新生儿臀部的皮肤长时间在潮湿、闷热的环境中不透气造成的。粪便及尿液中的刺激物质以及一些含有刺激成分的清洁液也会使新生儿的屁股发红，新生儿常因此而烦躁哭闹、睡卧不安。有的新生儿红臀的原因是母乳性腹泻，这是由于新生儿对乳精不耐受引起的。夏季是引起尿布疹的高发季节。

2. 尿布疹的预防

（1）尿布疹也就是平日所说的臀红，表现在臀部皮肤发红或者出现小红疹，严重时表皮肿胀、破损和流水。

（2）尿布疹重在预防。方法是：新生儿大小便后及时更换尿布，提倡使用纸尿裤。如果使用尿布，要选择吸水性强的纯棉制品，换洗后要用开水烫洗，洗衣粉要冲洗干净，并在阳光下晒干。

3. 尿布疹的护理（参考臀部护理内容）

（1）大便后处理。先用湿纸巾轻轻地将臀部的粪便擦拭干净，如果大便较多，就用清洁的温水清洗干净，然后涂擦护臀霜或鞣酸软膏。如果大便很少，只用湿纸巾擦拭即可。

（2）小便后处理。一般小便后不需每次清洗臀部，以避免破坏臀部表面的天然保护膜。

（3）如发生轻度臀红则应多暴露（室温在26～28℃），2～3次/天，30分钟/次，以使局部保持干燥，每次暴露后涂擦鞣酸软膏。

【达标标准】

（1）不发生臀红。

（2）发生臀红后能处理得当，促进痊愈。

【注意事项】

（1）用洗衣粉清洗尿布后，一定要用清水冲洗干净，以免残存的洗衣粉刺激臀部皮肤发生尿布疹。

（2）新生儿时期尽量使用纸尿裤，有助于减少尿布疹的发生。

【工具与材料】

护臀霜或鞣酸软膏、消毒棉棒、纸尿裤、湿纸巾

【相关知识】

1. 尿布疹的病因

新生儿皮肤娇嫩，如果大小便后没能及时更换尿布，尿便的刺激，未冲洗干净洗衣粉的尿布刺激，尿布透气性差，都可能发生尿布疹。

2. 尿布疹的预防

选择纸尿裤，大小便后及时更换纸尿裤。

第三节　给新生儿喂药的方法

一、辅助喂药方法

1. 粉剂

（1）将药物倒入新生儿专用小杯中，用温开水调成稀糊状，再用小勺放到舌下处。如果孩子吞咽较慢，可再喂一小勺水，帮助药物流入咽部。

（2）如果药品本身无特殊异味，可放入奶瓶，用温水混匀，给新生儿饮用。

（3）如果药量比较少，可将药粉沾在乳头或者橡胶奶嘴上面，直接将其送入孩子口中吸吮。

2. 水剂

（1）用新生儿专用小勺紧贴嘴角，一点点喂服，使药液沿嘴角一侧慢慢流入口中。

（2）用吸管吸满药液后，将管口放在孩子口腔颊黏膜和齿龈之间慢慢挤滴，注入口腔。

喂药过程中，孩子哭闹张大嘴时，不要为了省事直接将药倒入咽喉部，以免发生呛咳或误入气管。

3. 片剂

将药片研成细粉状，喂法同粉剂。

4. 胶囊制剂

目前新生儿用胶囊制剂主要是维生素 A 和维生素 D 胶囊，可将胶囊一端用清洁剪刀剪开，将药剂倒入温开水中混合，然后，直接沿嘴角或舌下滴入口腔。

二、喂药的注意事项

(1) 服药前，不宜给新生儿喂奶及饮水，要使新生儿处于半饥饿状态。这样既可防止恶心呕吐，又可因新生儿饥饿，便于药物咽下。

(2) 按医嘱，先将药或药水放置勺内，用温开水调匀，也可放少许糖。喂药时将新生儿抱于怀中，托起头部成半卧位，用左手拇指和食指轻轻按压新生儿双侧颊部，迫使新生儿张嘴，然后将药物慢慢倒入嘴里。但要注意，不要用捏鼻的方法使新生儿张嘴，也不宜将药物直接倒入咽部，以免药物吸入气管发生呛咳。

(3) 喂药后，应继续喂水 20~30 毫升，将口腔及食道内积存的药物送入胃内，而且，喂药后不宜马上喂奶，以免发生反胃，引起呕吐。

(4) 要严格掌握剂量。因新生儿肝、肾等脏器的解毒功能尚未完善，若用药过量容易发生中毒。

(5) 有时小儿用药剂量很小，为了便于准确掌握剂量及减少服药时有效成分的损失，可先将所服用的药物与钙片等对机体无明显影响的药物一同研碎、混匀，然后再分出应服用的剂量。

第六章　新生儿意外伤害的防范和处理

第一节　呛奶防范与紧急处理

一、预防呛奶的发生

（1）喂奶后的护理（参照溢奶护理）。

（2）溢奶后的处理（参照溢奶处理）。

二、预防呛奶的护理原则

（1）新生儿溢奶多为生理性的，因此，在新生儿喂养的过程中应按照溢奶护理的原则进行。

（2）特别应该注意的是：喂奶的奶嘴开孔要适度，选择仿母乳奶嘴。一次喂奶量不宜过大，喂奶过程中奶瓶中的奶应该完全充满奶嘴，避免同时吃进空气。喂奶后不宜过多变动新生儿体位，以免发生吐奶。

（3）喂奶后注意拍嗝。

三、发生呛奶的紧急处理

（1）呛奶发生后不能等待，应进行紧急处理。

（2）呛奶后新生儿表现出呼吸道不通畅，憋气，面色红紫，哭不出声。此时应立即将新生儿面朝下俯卧于产妇或护理者腿上，产妇或护理者取坐位。然后用一手抱新生儿，另一只手空心掌叩击新生儿背部，以促使新生儿将呛入的乳汁咳出。

(3) 新生儿的体位要保持头低脚高位，新生儿呼吸道要保持平直顺畅，以利于呛入的乳汁流出。紧急处理应该等待新生儿哭出声来，憋气情况明显缓解，才暂告一段落。

【达标标准】

保证新生儿安全，不发生或者少发生呛奶。

【注意事项】

如果呛奶情况紧急，以上处理无效，则应该一边处理，一边紧急安排车辆送医院。但即使送医院，也一定同时继续上述紧急处理操作，绝不能坐等上医院处理，贻误了时机。

【相关知识】

(1) 溢奶是新生儿时期常见的生理现象，与新生儿消化道解剖和生理特点相关。新生儿的胃呈水平状横位，与食道相接的口是贲门，贲门口括约肌发育比较差，下口发育比较好，入口松出口紧，因此，乳汁容易发生反流引起吐奶，乳汁呛入气管就造成呛奶。

(2) 根据以上现象，喂奶后的护理和溢奶后的处理十分重要，应该按照操作原则进行。

(3) 此外，吐奶呛奶也可因疾病引起，因此，如果症状严重应该提醒产妇及时带宝宝到医院检查，避免贻误病情。

第二节　烫伤防范与紧急处理

一、洗澡时烫伤防范

(1) 给新生儿洗澡时，如果使用流动水，一定要控制好水

温，在 38 ~ 40℃，不能超过 40℃。可以用手肘内侧感觉不凉不烫才可。建议买个水温计，更准确地把握温度。

（2）如果使用洗澡盆，放水时应该先放凉水后放热水，一定不要抱着孩子拿暖水壶，以免烫伤孩子。

（3）孩子应该远离热水盆、热水壶等，洗澡时等调好了水温，再抱孩子洗澡。

二、温奶时烫伤防范

（1）人工喂养时，当新生儿吃奶中发现奶凉，需要温奶，一般将奶瓶放在大热水杯里，温奶过程中，注意千万不要抱着孩子拿热水壶倒热水，一定要妥善放下孩子再去温奶。以免孩子被温奶的热水烫伤。

（2）温奶后，抱着孩子喂奶时，注意避免让孩子的小脚踢到热水杯，烫伤孩子。

三、使用热水袋时烫伤防范

（1）原则上，新生儿不必使用热水袋取暖，因为，新生儿皮肤娇嫩，水温稍微掌握不好就可能发生烫伤。

（2）必须使用热水袋时，要灌入温水，而且要用毛巾将热水袋包起，避免蓄积的热度烫伤了孩子。

四、发生烫伤的紧急处理

不要急于脱去衣裤，首先应该立即用凉水冲，时间长短按当时烫伤情况定，烫伤轻微用凉水冲的时间短，烫伤重则用凉水冲的时间长。然后慢慢看清烫伤情况再轻柔地脱下衣裤，小心避免脱去衣裤时将烫伤的皮肤一并脱下，造成进一步的损伤。

【达标标准】

保证新生儿安全，不发生烫伤事故。

【注意事项】

让孩子远离热水等容易发生烫伤的环境。

凡使用热水时，一定要将孩子抱开，以免发生危险。

【相关知识】

烫伤是新生儿意外伤害中常见的一种，一旦发生对孩子造成伤害，家人严重内疚自责。认真注意安全操作，应该是完全可以防范的。

第三节　窒息防范与紧急处理

一、尽量避免卧位母乳喂养防范窒息发生

母乳喂养中有些产妇愿意采用卧位哺乳，感觉卧位比较舒适，但是这种喂奶姿势增加了意外伤害的危险性。新生儿尚不能自己翻身，自身的力量尚不能躲避危险，当卧位母乳喂养时，产妇与新生儿距离近，新生儿正在哺乳，口含着母亲的乳头，如果疲惫的母亲不小心睡着了，乳房堵住了新生儿的呼吸道，就可能发生新生儿窒息。因此，大力提倡坐位母乳喂养，以防范新生儿窒息的可能性。

二、尽量避免新生儿趴睡防范窒息

有些说法讲到新生儿趴睡好，但是，趴睡的情况下绝不能离人，新生儿的双手支撑力还不能使他躲避危险。当趴睡时一旦堵

住了口鼻，自己又无力挣脱，就有可能发生窒息。因此，不提倡新生儿单独趴睡。

三、新生儿口鼻周围避免软性物品防范窒息

新生儿口周如果有棉被盖住了鼻子，毛巾盖住了鼻子等，软性物品会紧紧贴住口鼻而发生窒息，因此，一定要防止软性物品堵住口鼻，防范意外窒息的发生。

四、窒息发生的紧急处理

（1）如果在家庭中发生窒息，则应该按照窒息的紧急处理原则：一边紧急家庭处理，一边联系医院急救车急救。紧急家庭处理原则是：清理呼吸道的分泌物，供氧气，刺激呼吸，可以采取弹足底的方法，口对口的人工呼吸等。

（2）重在防范。应该提醒产妇，按照上述原则进行母乳喂养，给新生儿正确的睡姿，特别小心地保持新生儿呼吸道的通畅。主要是提高警惕，防范意外伤害的发生。

【达标标准】

保证新生儿安全，不发生窒息意外事故。

【注意事项】

注意上述防范窒息以外的其他事故的发生。

【相关知识】

新生儿窒息是指新生儿在出生后血液循环气体交换发生障碍，导致新生儿血氧供应不足，造成大脑的损伤，甚至永久不可逆转性的脑损伤。窒息发生危及新生儿的生命，因此，要严加防范。